Rappersberger
Lamas und Alpakas

Gerhard Rappersberger

Lamas und Alpakas

36 Farbfotos
63 Schwarzweißfotos und -zeichnungen
 9 Tabellen

2. neu bearbeitete Auflage

Titelfoto: Image point.biz – Beate Zoellner

Bibliografische Information der Deutschen Nationalbibliothek
Die Deutsche Nationalbibliothek verzeichnet diese Publikation in der Deutschen
Nationalbibliografie; detaillierte bibliografische Daten sind im Internet über
http://dnb.d-nb.de abrufbar.

© 2008 Eugen Ulmer KG
Wollgrasweg 41, 70599 Stuttgart (Hohenheim)
E-Mail: info@ulmer.de
Internet: www.ulmer.de
Lektorat: Werner Baumeister
Herstellung: Thomas Eisele
Umschlagentwurf: Atelier Reichert, Stuttgart
Satz: Typomedia GmbH, Ostfildern
Druck und Bindung: Friedrich Pustet, Regensburg
Printed in Germany

ISBN 978-3-8001-4987-2

Inhaltsverzeichnis

Vorwort

Immer mehr Lamas und Alpakas finden seit etwa zwei Jahrzehnten auch in Europa den Weg in private Gehege.

Dem damit verbundenen Informationsbedürfnis der Halter, Züchter und Freunde von Neuweltkameliden soll mit diesem Buch nachgekommen werden. Tiere in menschlicher Obhut verdienen eine ihren Bedürfnissen entsprechende Haltung, eine Achtung des Individuums sowie eine artgerechte Ernährung. Neuweltkameliden haben sich in einer Region entwickelt, die für viele von uns großteils unbekannt und fremd erscheint und wurden in einer Kultur domestiziert, von der wenig geblieben ist. Lamas und Alpakas erfüllen die vielfältigsten Anforderungen, die wir an sie stellen, wir sollen oder müssen mit ihnen dazu aber in einer Art und Weise umgehen, die für die Tiere verständlich ist. Auch dazu soll dieses Buch ein Hilfsmittel sein.

Dieses Buch widme ich vor allem den wunderbaren Lamas, die mir eine Sicht auf das menschliche Dasein gegeben haben, die ich sonst wahrscheinlich nie erfahren hätte. Unzählige schöne Stunden habe ich bisher mit ihnen verbracht und viele wertvolle Erfahrungen durfte ich durch sie machen.

Durch ihr unaufdringliches, ruhiges und sanftmütiges Verhalten tragen sie wesentlich dazu bei, Ruhe- und Entspannungsphasen in unser Leben zu bringen.

In Zeiten der großen Werteveränderungen vor allem auch in der Landwirtschaft, sehe ich Platz für viele Tausende Neuweltkameliden auf immer mehr brachliegenden Grünflächen außerhalb ihrer ursprünglichen Verbreitungsgebiete.

St. Leonhard/F., im Frühjahr 2008
Gerhard Rappersberger

1 Einleitung

Die private Haltung von Neuweltkameliden, in erster Linie der beiden Haustierformen Lamas und Alpakas, hat seit etwa 1990 auch in Europa eine rasante Entwicklung genommen. Waren vor dieser Zeit nur wenige Lamas und kaum Alpakas in Europa außerhalb von Zoos und Tiergärten in privater Haltung, so ist diese Zahl danach jedes Jahr um durchschnittlich mindestens zehn Prozent gewachsen.

Ob die Gründung von Vereinen in vielen Ländern und der damit verbundene Erfahrungsaustausch diese Entwicklung beschleunigt hat oder ob umgekehrt die rasche Verbreitung erst die Gründung von Vereinen notwendig erscheinen ließ, sei dahingestellt.

Tatsache ist, dass die Organisation von Tierhaltern in Zuchtverbänden eine bemerkenswerte Steigerung der Qualität der Tiere mit sich brachte. Die Zuchtvereine der deutschsprachigen Staaten haben gemeinsam einen Standard für Lamas und Alpakas erstellt. Es wurden Zuchtziele definiert, die Daten der Tiere erfasst und Herdbücher aufgebaut. Die Zuchttiere werden nach Qualitätskriterien beurteilt und selektiert.

Die unterschiedlichen Nutzungsmöglichkeiten von Neuweltkameliden wurden erarbeitet und Informationen an die Halter und Interessenten weiter gegeben.

Durch die Abhaltung von Veranstaltungen konnten viele Halter und Interessenten wichtige Informationen über die Ansprüche an die Haltung, über tierschutzrelevante Maßnahmen sowie über mit der Haltung einhergehende Probleme erfahren.

Fachmagazine informieren die Leser periodisch über neue Entwicklungen und Erfahrungen der einzelnen Betriebe und bieten ideale Plattformen für einen aktuellen Interessensaustausch.

Über das Internet gelangt man heute ebenfalls an Informationen, die für Interessenten und Einsteiger unentbehrlich und für langjährige Tierhalter von großem Nutzen sein können. Neben den Vereinen verfügen auch viele der privaten Halter und Züchter über eine eigene Homepage und machen damit unentbehrliche Informationen und gewonnene Erfahrungen für eine breite Masse zugänglich.

Der rasante Anstieg der Zahl privat gehaltener Neuweltkameliden in Europa während der letzten zwanzig Jahre erfordert auch ein immer größer werdendes Angebot an Fachliteratur. Das Wissen über die Ansprüche, Fähigkeiten und Eigenheiten dieser Tiere wächst ständig. Dieser Wissenszuwachs soll mit diesem Buch all jenen zugänglich gemacht werden, die sich mit dem Gedanken tragen, Lamas oder Alpakas als Haustiere, als Freizeit- und Hobbytiere, als Begleittiere bei Wanderungen, als Lasttiere im touristischen Bereich oder beim Einsatz in der tiergestützten Therapie zu verwenden. Fragen, die sich bereits vor der Anschaffung der Tiere stellen, werden umfassend beantwortet.

Das Buch wendet sich auch an diejenigen, die bereits Lamas oder Alpakas besitzen oder betreuen oder an Personen, die mehr über diese interessante Tierart erfahren möchten. Es soll Aufschluss über die vielfältigen Verwendungs- und Nutzungsmöglichkeiten geben und gleichzeitig auf Probleme und Anforderungen aufmerksam machen, die mit der Haltung zusammenhängen. Es ist für jeden zukünftigen Tierhalter wichtig, sich im Vorhinein darüber zu informieren, was ihn nach der Anschaffung der Tiere erwarten wird, was im Zusammenhang mit der Haltung zu beachten ist und welche Fehler vielleicht vermieden werden können.

Die häufig angepriesene Anspruchslosigkeit von Neuweltkameliden an ihren Unterhalt lässt sie für eine große Anzahl potenzieller Halter interessant erscheinen. Sehr oft werden Neuweltkameliden von Personen angeschafft, die vorher kaum Praxis im Umgang mit und in der Haltung von großen Nutztieren hatten. Nicht zuletzt für diese Gruppe von zukünftigen Lama- oder Alpakahaltern soll dieser Leitfaden eine Einführung in die private Haltung dieser interessanten und immer noch exotischen Tierart darstellen. Darüber hinaus wird in dieser neu bearbeiteten zweiten Ausgabe vermehrt auf die Qualitätskriterien der Tiere sowie auf das Training der Tiere und die unterschiedlichen Einsatzmöglichkeiten eingegangen.

Die gesetzlichen Bestimmungen, die zwischen den Staaten Europas möglichst abgestimmt und angeglichen sind, werden in tierschutzrelevanter Hinsicht ebenfalls erwähnt.

1.1 Warum Lamas oder Alpakas?

- ❍ Lamas und Alpakas sind intelligent und pflegeleicht.
- ❍ Lamas und Alpakas sind landwirtschaftliche Nutztiere.
- ❍ Sie sind ruhig und friedfertig und leicht zu züchten.
- ❍ Lamas und Alpakas gibt es in vielen Farben, einfarbig, gescheckt oder getupft.
- ❍ Sie sind sicher im Umgang mit Kindern.
- ❍ Sie werden 20 bis 25 Jahre alt.
- ❍ Sie brauchen wenig Weidefläche.
- ❍ Lamas fressen nur 2 bis 3 kg Heu/Tag.
- ❍ Alpakas fressen nur 1 bis 2 kg Heu/Tag.
- ❍ Sie sind mit 1½ Jahren geschlechtsreif.
- ❍ Die Trächtigkeit dauert 11½ Monate.
- ❍ Die Geburten verlaufen meist problemlos.
- ❍ Lamas und Alpakas verursachen kaum Trittschäden, sie schonen die Grasnarbe.
- ❍ Sie sind leicht zu transportieren.
- ❍ Sie sind leicht zu trainieren.
- ❍ Sie liefern wertvolle Wolle.

- ❍ Lamas und Alpakas muss man nicht bürsten.
- ❍ Lamas spucken ungern auf Menschen.
- ❍ Lamas tragen Lasten bis zu 35 Kilogramm.
- ❍ Lamas kann man einspannen.
- ❍ Sie brauchen jeden Tag frisches Wasser.
- ❍ Sie gehören zu den ältesten Haustieren.
- ❍ Es gibt zwei Alpakatypen, das Huacaya und das Suri.
- ❍ Lamas und Alpakas sind Herdentiere.
- ❍ Sie sind angenehme Freizeit- und Hobbytiere.
- ❍ Sie sind ruhig und friedfertig.
- ❍ Alpakas und Lamas sind sehr robust und widerstandsfähig.
- ❍ Sie vertragen sich gut mit anderen Tieren.

Kurz: Lamas und Alpakas machen Spaß!

1.2 Abstammung

Die gemeinsamen Vorfahren der heutigen Altwelt- und Neuweltkamele, auch Großkamele und Kleinkamele, gehören als Säugetiergattung in die Ordnung der Huftiere und da wiederum zu den Schwielensohlern. Sie haben sich vor etwa 35 Millionen Jahren im Gebiet des mittleren Westens Nordamerikas entwickelt. Sie waren damals nur ungefähr 30 cm groß. Versteinerte Exemplare dieser Urkameliden kann man in diversen Museen sehen. Die enge Verwandtschaft der Kameliden der alten und der neuen Welt ist bei den heutigen Haustierformen offensichtlich. Beide Gattungen verfügen über große Augen, lange Wimpern, gespaltene Oberlippen, einen langen Hals und Fußschwielen. Sie bewegen sich im Passgang fort, was sehr energieeffizient ist. Neben diesen augenscheinlichen Gemeinsamkeiten gibt es viele organische Übereinstimmungen bis hin zur gleichen Chromosomenanzahl. Fetthöcker zur Speicherung von Energie haben die südamerikanischen Kamele nicht entwickelt.

1.2.1 Altweltkamele

Ein Teil der Urkameliden ist während der letzten Eiszeit über die damalige Landverbindung in der Beringstraße von Amerika nach Asien gewandert und hat sich dort in die uns bekannten Altweltkamele, die zweihöckrigen Trampeltiere (*Camelus bactrianus*) und die einhöckrigen Dromedare (*Camelus dromedarius*) entwickelt.

In alten Lexika liest man, dass sich Trampeltiere und Dromedare nirgends wild oder verwildert finden und als Haustiere in Nordafrika und Westasien gehalten werden. Unterschiedliche Rassen werden erwähnt, einerseits das schlankere Reittier und das plumpere und schwerere Lastkamel. In Australien wurden Altweltkamele mit besonders günstigem Erfolg zur Unterstützung der Streitkräfte eingebürgert und es gibt heute dort eine namhafte Population von in der Zwischenzeit ausgewilderten Kamelen, die mit Sicherheit aus diesen Importen früherer Zeit hervorgegangen sind.

Was das Dromedar den Arabern ist das Trampeltier den Mongolen.

Die Domestikation von Kamel und Dromedar wird ungefähr mit 3 000 bis 2 500 vor Christus datiert und erfolgte beim Kamel östlich vom Kaspischen Meer, beim Dromedar auf der arabischen Halbinsel (I. L. MASON, 1984). Seit frühester Zeit jedenfalls wurden beide Kamelarten als Haustiere gehalten und ermöglichten sowohl in Asien als auch im Norden Afrikas und in Arabien einen florierenden Handel und Transport der Güter. Daneben wurden die Stuten gemolken. Auch Wolle, Fell und Fleisch waren geschätzt. Der Kot, der in Form von sehr trockenen Kügelchen anfällt, dient seit jeher als Brennmaterial. Wegen seines schaukelnden Passganges wird das Kamel gerne als „Wüstenschiff" bezeichnet.

Auch die private Haltung von Kamelen und Dromedaren erfreut sich zunehmender Beliebtheit außerhalb ihrer ursprünglichen Verbreitungsgebiete. Man findet die „Wüstenschiffe" heute auf allen Kontinenten.

Sehr häufig werden sie dabei im touristischen Bereich als Lasttiere oder zum Reiten eingesetzt, manchmal auch vor einen Wagen gespannt. Kamelrennen werden nicht nur im arabischen Raum, sondern auch in einigen Regionen der USA sowie in Europa abgehalten.

1.2.2 Neuweltkamele

Ein anderer Teil der Urkameliden Nordamerikas ist über Mittel- nach Südamerika gewandert, woraus sich dort im Laufe der Zeit die Vorfahren der heute lebenden Arten der südamerikanischen Kleinkamele (Neuweltkamele) entwickelt haben. In Nordamerika selbst sind die Kameliden schließlich vor ungefähr 12 000 Jahren, etwa zeitgleich mit der Einwanderung der ersten Menschen, aus nicht näher bekannten Gründen ausgestorben.

Aus diesen Ur-Lamas haben sich neben einigen anderen Formen die beiden heute in den Andengebieten Südamerikas noch vorkommenden Wildformen Vikunja und Guanako entwickelt. Vikunjas und Guanakos existieren heute nach wie vor als Wildformen, erstere wieder in großer Zahl in Peru und letztere überwiegend in Argentinien. Nach heutigem Wissensstand ging die kleinere Haustierform Alpaka (*Lama pacos*) aus dem Vikunja hervor. Erste Funde von größeren Guanakoherden, die in Pferchen gehalten wurden, gehen bis auf ungefähr 5 000 bis 4 000 vor Christus zurück. Mit dieser frühen Domestikation ging eine selektive Zucht einher, die zu der uns bekannten Haustierform Lama (*Lama glama*) führte.

1.3 Herkunft

1.3.1 Domestikation

Mit der beginnenden Domestikation von Guanakos und Vikunjas vor 6 000 bis 7 000 Jahren gehören die daraus resultierenden Haustierformen Lama und Alpaka jedenfalls mit zu den ältesten Haustierrassen. In den kargen Gebieten der Anden Südamerikas hatten die damaligen Bewohner erst mit der Nutzbarmachung von Tieren die Möglichkeit, eine sichere Existenzgrundlage durch Versorgung mit Nahrungsmitteln, Leder, Fellen, Wolle etc. aufzubauen. Durch die Verwendung von Lamas als Transportmittel konnten Warenaustausch und reger Handel erfolgen, was später die Basis für das rasche Wachstum des Inkareiches darstellte. Das Reich der Inka erstreckte sich vom Meeresniveau bis in Höhen von über 5 000 Meter und dehnte sich von Nord nach Süd über eine Distanz von 5 000 Kilometer aus. Durch die große Anpassungsfähigkeit der Lamas an alle Höhenlagen, durch ihre hohe Leistungsfähigkeit auch noch in hochgelegenen Gebieten der Andenkette war es den Inkas möglich, verschiedenste ökologische Zonen über riesige Distanzen im Handel zu verbinden. Eis wurde von den Gletschern ins Tal gebracht, Salz vom Meer in die Berge, Erz aus den Minen zu den Verarbeitungsstätten. Die Kartoffel, als wichtiges Grundnahrungsmittel, wurde von den hochgelegenen Anbaugebieten zu den tieferen Siedlungsgebieten gebracht. Der in tieferen Regionen kultivierte Mais konnte in höhere Lagen gebracht werden. Dabei wurde die Last jeweils auf einen Teil großer Lamaherden gebunden (die durchaus 1 000 Tiere und mehr zählten) und nach einem halben oder ganzen Tag Gehzeit der andere Teil der Herde belastet. Mit dieser Methode konnten viele Tonnen in schwer zugängliche Gebiete transportiert werden. Mit ihren Fußschwielen sind Lamas überaus trittsicher. Der Passgang, wobei jeweils beide Beine einer Körperhälfte gleichzeitig einen Schritt machen, ist weniger anstrengend und damit energiesparender als andere Gangarten. Dadurch können Kameliden sehr große Distanzen bei geringem Energieverbrauch zurücklegen, was ein Überleben in kargen Gebieten ermöglicht.

Die wertvolle Wolle der kleineren Alpakas war immer schon begehrte Handelswa-

Dromedar

re und ermöglichte den Indios in den entlegenen Gebieten eine solide Grundlage für einen florierenden Warenaustausch. Die gezielte Zucht von großrahmigen, robusten und vor allem willigen Lamas als Lasttiere sowie von Alpakas als Lieferanten kostbarer Wolle erlebte vor der Eroberung durch die Spanier eine Hochblüte. Während Lamas praktisch jahraus, jahrein mit den Menschen unterwegs waren, um sie auf ihren Handelswegen zu begleiten, wurden Alpakas in riesigen Herden gehalten und einmal im Jahr eingefangen und geschoren.

Trampeltiere

Packlamas in Ecuador

Schon in frühester Zeit wurden auch die sehr scheuen Vikunjas ihrer kostbaren Wolle wegen entweder gejagt oder jährlich in riesige Pferche getrieben und dann geschoren. Nur den Ranghöchsten im Inka-Reich war es gestattet, sich mit Gewändern aus Vikunjawolle zu kleiden. Indios waren unentwegt auf der Suche nach Haarbüscheln, die Vikunjas an Büschen abstreiften. Der Ertrag aus der so gesammelten Wolle konnte das Einkommen einer Familie abdecken.

1.3.2 Lamas in Religion und Medizin

Die Inkas hatten große Achtung vor ihren Lamas und verehrten diese in religiösen Riten. Die Lamas wurden mit dem Sonnengott in Verbindung gebracht, da sie oft dem Sonnenaufgang bzw. dem Sonnenuntergang zusehen. Weiße Tiere genossen dabei besondere Achtung, schwarze hingegen wurden dem Bösen zugeschrieben und somit sehr oft züchterisch dezimiert. Der gesellschaftliche Stellenwert der Indios stand in engem Zusammenhang mit der Größe ihrer Lamaherden. Lamas und Alpa-

Bezoar = in der Volksmedizin verwendeter Magenstein von Wiederkäuern

kas waren aus dem Leben der Stämme in den andinen Regionen nicht wegzudenken und waren Grundlage für allen Wohlstand und Fortschritt.

Im „medizinischen" und im religiösen Bereich spielten Bezoare aus Lama- und Vikunjamägen sowie getrocknete Lamaföten immer eine große Rolle. Bezoare sind in Wiederkäuermägen sich bildende, kugelförmige Massen, wo sich um ein Knäuel aus Haar oder Pflanzenfasern harte Lagen aus Mineralien bilden. Diese Kugeln bleiben gewöhnlich im Magen und beeinträchtigen die Gesundheit der Tiere erst dann, wenn sie diesen verlassen und dabei zu einem Darmverschluss führen. Bei den Indios galten Bezoare als sicheres Mittel gegen Vergiftungen.

Heute noch wird in manchen Gebieten beim Neubau eines Hauses ein getrockneter Lamafötus unter der Schwelle der Haustür eingegraben, um Glück über das neu zu errichtende Heim zu bringen.

Der Bedarf an diesen heilbringenden Mitteln war so groß, dass trächtige Stuten geschlachtet wurden, um an die begehrten Föten oder Bezoarkugeln zu kommen.

1.3.3 Folgen der Eroberung Südamerikas für die Neuweltkamele

Mit dem Eindringen der Spanier wurden die Lamas nicht nur durch die von Europa mitgebrachten Haustiere in wesentlich kargere Gebiete abgedrängt, sondern auch durch die mit diesen Tieren eingeschleppten Parasiten und Krankheiten massiv dezimiert.

Vikunjas und auch Guanakos wurden intensiv bejagt, um an die kostbaren Felle und an das begehrte Fleisch zu kommen. Waren bei der Entdeckung durch die Spanier durch den sorgsamen Umgang der Inkas mit ihren Ressourcen noch ungefähr eineinhalb Millionen Vikunjas in den Anden beheimatet, so wurde der Bestand durch rigorose Jagd so sehr dezimiert, dass Mitte der sechziger Jahre des zwanzigsten Jahrhunderts nur noch etwa 10 000 Stück in den Hochebenen weideten. Bei der internationalen Artenschutzkonvention läuteten die Alarmglocken und Vikunjas wurden auf die rote Liste gesetzt, wodurch neben der Jagd auch sämtlicher Handel mit der Wolle untersagt wurde. Ende der sechziger Jahre wurde dann in Peru das Reservat „Pampa Galeras" eingerichtet. Der Bestand konnte sich erholen, und mit einigen Rückschlägen durch politische Instabilität und andere Krisen schätzt man heute in Peru die Zahl der Vikunjas wieder auf über 150 000 Stück. Diese Anzahl stellt etwa zwei Drittel des weltweiten Bestandes dar.

Die Guanakos wurden zwar auch entsprechend dezimiert, waren aber nie so sehr gefährdet wie die Vikunjas, da das Verbreitungsgebiet dieser größeren Wildform wesentlich ausgedehnter und ihre Wolle nicht so kostbar wie die der Vikunjas ist. Guanakos leben von Meeresniveau bis in Regionen über 4 000 Meter Höhe, man findet sie von Ecuador bis in die südlichsten Ausläufer des Kontinents. Auch auf den dem Festland vorgelagerten Inseln findet man Guanakos, was zeigt, dass diese Tiere auch sehr gute Schwimmer sind.

Zur Mitte des zweiten Jahrtausends soll ihre Population die Zehnmillionengrenze weit überschritten haben. Heute schätzt man ihre Zahl auf ungefähr 600 000. Durch ihre angeborene Neugier waren sie relativ leicht jagdbares Wild, dessen Wolle, Fell und Fleisch sehr geschätzt waren.

Zur Zeit der Eroberung Südamerikas durch die Europäer soll deren Berichten zufolge das durchschnittliche Lama eine Schulterhöhe von 120 bis 125 cm gehabt haben, das Alpaka war mit etwa 85 cm wesentlich kleiner. Wenngleich Berichte von Lamas, auf denen bequem drei Indios reiten konnten, zum Seemannsgarn gehören, dürften die Lamas seinerzeit doch größer gewesen sein als deren Nachkommen in den heutigen Verbreitungsgebieten Bolivien, Chile, Peru und Argentinien.

In Aufzeichnungen der frühen Seefahrer werden die Kameliden der „Neuen Welt" als Schafkamele bezeichnet und oft auch als Schafe mit besonders feiner Wolle beschrieben. Des Weiteren findet sich auch die Bezeichnung „Schiff der Anden", was in Abwandlung der „Wüstenschiffe" die Verwandtschaft mit den Altweltkamelen hervorhebt. Was den Bewohnern der kargen Gebiete im Norden Afrikas und in Asien das Kamel oder Dromedar war den Indios in den Hochebenen der Anden das Lama. Ohne dieses Transportmittel wären hier wie dort kein Handel und damit keine

Aufmerksames Vikunja

expandierende Wirtschaft möglich gewesen.

Durch das Eindringen der Europäer wurden die Lamas nach und nach verdrängt und das bislang universelle Haustier mehr und mehr durch Schaf und Rind als Nahrungsmittellieferanten sowie durch Esel und Pferd als Lasttier ersetzt.

Jedenfalls hat die Lamazucht ab diesem Zeitpunkt eine untergeordnete Rolle gespielt, wobei Alpakas weiterhin sehr rein gezüchtet worden sind, da auf ihre Wolle ein großer Markt gewartet hat. Erst seit die private Haltung von Lamas und Alpakas außerhalb ihrer Ursprungsländer die Nachfrage sprunghaft ansteigen ließ, werden auch in Südamerika vermehrt wieder selektiv Lamas gezüchtet. Als Zuchtziel dienen dabei heute sehr oft die Typen, die bei Auktionen in den USA oder in Australien Höchstpreise erzielen, da gerade diese Tiere in den Export gehen und als Blutauffrischung bei den Züchtern sehr begehrt sind.

Seit den 1990er Jahren gibt es von den Regierungen unterstützte Programme zur Verbesserung der Rahmenbedingungen für die Lama- und Alpakahaltung. Bei diesen Programmen wird selektiv auf Zuchtmerkmale geachtet und somit die Qualität der Tiere wieder erheblich gesteigert.

1.4 Heutige Verbreitung und Verwendung

In Tibet gab es zu jeder Zeit Lamas! Diesen Satz fand ich in einem Buch bei einer Tibet-Ausstellung 2005 in Niederösterreich. Viele Menschen, denen wir mit unseren Lamas am Weg begegnen, sind der Auffassung, dass der zentrale asiatische Raum das Herkunftsgebiet der Lamas und Alpakas sei. Eine Verwechslung, Lamas nennt man Lehrmeister oder Gurus im tibetischen Buddhismus. Außer dem Namen in deutscher Sprache und der vielleicht manchmal stoischen Gelassenheit haben beide Hochlandbewohner aber wenig Gemeinsamkeiten. Als traditionelle Lasttiere dienen im asiatischen Hochland Yaks, die zur Gattung der Rinder zählen und zoologisch betrachtet daher mit Kameliden wenige Gemeinsamkeiten haben.

Neuweltkameliden haben in den letzten Jahrhunderten zwar in ihren Ursprungsländern viel an Bedeutung verloren, gerade in den letzten Jahrzehnten allerdings gewinnen sie wieder mehr Bedeutung und das nicht nur in Südamerika, sondern weltweit.

1.4.1 Lamas und Alpakas in Südamerika

Zu Beginn des dritten Jahrtausends leben in Südamerika etwa 3,7 Millionen Lamas, 3,5 Millionen Alpakas, 600 000 Guanakos und fast 200 000 Vikunjas. Die Grundlagen dazu bilden Veröffentlichungen der Landwirtschaftsministerien über Viehzählungen in den einzelnen Andenstaaten.

Demnach ist die weitaus größte Verbreitung von Lamas in Bolivien mit etwa 2,4 Millionen, gefolgt von Peru mit 1,1 Million Stück. In Argentinien hingegen leben ungefähr 160 000 und in Chile gar nur knapp 60 000 Stück. Ecuador soll einen Bestand von ungefähr 2 000 und Kolumbien gar von nur 200 Tieren haben.

Von den kleineren Alpakas tragen in Peru 3.041.598 Stück zum überwiegenden Teil im Süden, in der Gegend des Titicacasees, mit ihrer Wolle zum Überleben der Indios Südamerikas bei. In Bolivien wurden 1997 416.952 Alpakas gezählt. Den weitaus überwiegenden Anteil bilden Huacaya-Alpakas, insgesamt werden in Südamerika nur ungefähr 300 000 Alpakas vom Suri-Typ gehalten.

Argentinien ist mit 95 % der weltweiten Guanakopopulation führend, wovon wiederum der überwiegende Teil in Nationalparks und nur ungefähr 25 000 Stück außerhalb dieser großflächigen Reservate leben.

Abgesehen von den Vikunjas, wo es starke Zuwächse gab, sind die Neuweltkamelidenbestände in Südamerika in den letzten 20 Jahren ziemlich stabil geblieben.

Guanakos

Einen genauen Überblick gibt die folgende Tabelle.

Da die Lamas in Südamerika selbst mit der Eroberung durch die Europäer und deren Importen von europäischen Haustierrassen mehr und mehr verdrängt wurden und die Reinzucht von speziellen Lasttieren eine untergeordnete Rolle spielte, ist der Typ des großrahmigen, leicht bewollten Gebrauchslamas heute in Bolivien, Argentinien, Peru und Chile nur noch äußerst selten anzutreffen. Es soll sogar staatlich finanzierte Programme gegeben haben, aus denen die Indios Prämien erhielten, wenn sie ihre Lamastuten mit Alpakahengsten deckten, um einen höheren Wollertrag zu erzielen. Die Wolle konnte in den entlegenen Dörfern zum wirtschaftlichen Überleben von Menschen beitragen, wobei das Transportieren von Waren zusehends durch Pferde oder Esel und später durch Kraftfahrzeuge erfolgte. So kam es, dass Lamas in weiten Teilen Südamerikas heute wesentlich kleiner sind als diese von den ersten Entdeckern beschrieben wurden. Im Allgemeinen sind sie aber auch wesentlich wolliger als damals. Bei den Lamas werden in den Ursprungsländern die Typen mit stärkerer Bewollung je nach Sprache als „pelada" (spanisch) oder „tampuli" (aymara), die weniger bewollten als „lanuda" (spanisch) oder „ccara" (quechua) bezeichnet.

1.4.2 Lamas und Alpakas außerhalb ihrer Ursprungsländer

Schon vor 1900 fanden südamerikanische Kameliden ihren Weg auf die übrigen Kontinente und werden dort seither vorwiegend in Zoos, vereinzelt auch in größeren privaten Tierparks gehalten und weitergezüchtet.

Zwei bedeutende Herden waren vor der wegen Maul- und Klauenseuche verhängten Importsperre in den frühen dreißiger Jahren in die USA gekommen. Eine Gruppe hatte William R. Hearst in Kalifornien, eine etwas größere Herde war auf der „Catskill Game Farm" im Norden des Bundesstaates New York beheimatet. Aus diesen zwei Herden sowie aus zwei

Tab. 1. Tierzahlen.				
	Lama	**Alpaka**	**Guanako**	**Vikunja**
Peru[1]	1 103 896	3 041 598	3 810	118 678
Bolivien[2]	2 398 572	416 952	54	12 047
Chile[3]	58 472	47 028	25 505	29 750
Argentinien[4]	161 402	<1 000	550 000[5]	23 000[5]

[1] www.agroayacucho.gob.pe
[2] Censo Nacional de Llamas y Alpacas, UNEPCA, 1997
[3] Facultad de Agronomia, Pontificia Universidad Catolika, Chile 2006
[4] Secretaria de Agricultura, Ganaderia, 2007
[5] FAO, 1989

kleineren Beständen in privater Hand stammt der Großteil der nordamerikanischen Population bis zur erneuten Importbewilligung von 1984. In diesem Jahr kamen einige hundert Alpakas und Lamas aus Chile nach Nordamerika, und es gab dort auch die erste Lama-Auktion. Im Jahr 1987 kamen erstmals Tiere aus Bolivien in die USA, und beim Verkauf durch den Importeur standen Interessenten Schlange, um Lamas, die in Preiskategorien zu 100 000,–, 75 000,–, 50 000,– oder 25 000,– USD angeboten wurden, zu erwerben. Ab diesem Zeitpunkt sind im Durchschnitt jährlich etwa 300 Tiere vor allem aus dem maul- und klauenseuchefreien Chile, aber auch aus Bolivien sowie aus Peru über Neuseeland und Australien und zuletzt auch aus Argentinien nach Nordamerika gekommen. Durch diese Importe von neuem genetischen Material hat man völlig andere Typen auf den in den achtziger Jahren von großer Nachfrage gezeichneten Markt gebracht, wodurch sich das Erscheinungsbild der nordamerikanischen Lamas stark gewandelt hat.

Waren die Lamas in den Vereinigten Staaten vor diesen Importen durchwegs sehr großrahmig, kräftig und nur leicht bis mittel bewollt, sieht man heute vor allem bei den zahlreichen Veranstaltungen und Bewerben vermehrt kleinere, dafür aber wesentlich wolligere Typen. Ein Großteil der US-amerikanischen Lama-Wirtschaft ist auf Shows und Bewerbe aufgebaut, wo ein kompakteres Tier mit üppigem Wollkleid eher ankommt als ein athletisches Arbeitstier.

Heute sind in den USA weit mehr als 250 000 Lamas registriert, was die Vereinigten Staaten an die dritte Stelle der Länder mit der größten Lamapopulation reiht, noch vor Chile und Argentinien. Die Lama-Industrie ist dort zwar nicht mehr von einem rasanten Boom wie in den letzten drei Jahrzehnten geprägt, durch die reduzierten Preise werden die Tiere jedoch für einen wesentlich größeren Personenkreis zugänglich, was die Nachfrage sehr stabil hält. Nach wie vor gibt es Auktionen, wo erstklassige Tiere für 100 000 Dollar und mehr den Besitzer wechseln. Die durchschnittlichen Preise sind allerdings wesentlich niedriger als vor etwa dreißig Jahren. Und man kann eine starke Differenzierung zwischen Zuchttieren mit nachvollziehbarer Abstammung und gewünschten Qualitätskriterien und solchen unbekannter Herkunft oder mit qualitativen Mängeln feststellen.

Dieser reduzierte Preis wirft natürlich auch die Frage einer Verwertung von Lamas als Schlachttiere auf. Bislang war dies, abgesehen von ihren Ursprungsländern nirgends auf der Welt ein Thema. Zu jeder Zeit dienten die Kleinkamele in Südamerika auch der Nahrungsgewinnung, vor allem Alpakas, bei denen die Wollqualität mit zunehmendem Alter rasch abnimmt. Vor Ankunft der Europäer hatten die Bewohner Südamerikas lediglich Lamas und Alpakas als universelle Haus-, Nutz- und Schlachttiere. Erst mit den Europäern sind in großer Zahl andere Haustierarten in die „Neue Welt" gekommen.

Außerhalb von Südamerika wurden und werden Lamas und Alpakas als Freizeit- und Hobbytiere betrachtet und gehalten, und in fast allen Kulturen werden diese nicht geschlachtet.

Der überwiegende Teil der nordamerikanischen sowie auch der europäischen La-

Lamas und ...

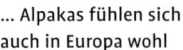

... Alpakas fühlen sich auch in Europa wohl

mas wird als Hobby- und Liebhabertier gehalten, ein geringerer Teil findet in der ursprünglichen Nutzungsform als Lasttier bei bis zu einwöchigen Trekking-Touren Verwendung. Es werden einerseits kräftige, bis zu 225 kg schwere und an den Schultern 125 cm messende Tiere als Packlamas gezüchtet und andererseits Showtiere, die oft eine Schulterhöhe von nur einem Meter aufweisen.

Wenig ist von privater Lama-Haltung in Europa vor 1985 bekannt. Wohl gibt es einige Halter, deren Aufzeichnungen bis zur vorletzten Jahrhundertwende zurückreichen, die meisten Tiere wurden allerdings in Zoos und Tierparks gezüchtet, bis sie Ende der achtziger Jahre vermehrt ihre Wege in private Hände fanden. Lediglich in Großbritannien und in den Niederlanden wurden größere Bestände schon früher privat gehalten. Der Trend, Lamas als Haustiere zu halten, ist ganz eindeutig mit einer gewissen Verzögerung von den Vereinigten Staaten nach Europa gekommen.

Die Abhaltung von Schönheitskonkurrenzen und Hindernis- oder Geschicklich-

keitsbewerben zieht immer mehr Besucher an und ist oft eine zusätzliche Attraktion bei den verschiedensten Veranstaltungen.

Stammten die ersten privat gehaltenen Lamas vor allem aus Zoos und Tiergärten, wurden mit zunehmender Popularität und dadurch gestiegener Nachfrage auch für die europäischen Lamazüchter Importe aus den Ursprungsländern interessant. Regelmäßig kamen und kommen einige hundert Stück pro Jahr per Flugzeug nach langwierigen Vorbereitungen und erst nach Passieren entsprechend strenger Quarantänebestimmungen von Südamerika nach Europa. Überaus schwierig gestaltet sich dabei meist die Selektion der Tiere vor Ort, da diese in teilweise schwer zugänglichen Regionen leben, wo riesige Distanzen überwunden werden müssen, um zu den Campesinos, den andinen Landbewohnern, zu gelangen, die dann die gesuchte Qualität anzubieten haben. Einige Lama- vor allem aber Alpakazüchter aus den USA oder aus Australien und England betreiben mittlerweile gemeinsam mit Südamerikanern Zuchtbetriebe, die dort Neuweltkameliden speziell für den Export züchten. Da wird dann die Selektion der Tiere, die Qualitätsbeurteilung nach den Erfordernissen des Bestimmungslandes sowie die Quarantäne organisiert.

Mit diesen Importen kommt neues Genmaterial in den relativ kleinen Genpool, was die genetische Vielfalt der europäischen Lama- und Alpakazucht positiv beeinflusst. Mit diesem Genmaterial geht allerdings auch die in den meisten Fällen völlig unbekannte Abstammung und damit die Gefahr von genetischen Mängeln einher. Bei den Importen aus Südamerika, die seit 1984 in die USA gingen, traten oft erst Generationen später genetisch bedingte Probleme auf, die diese Tiere dann zuchtuntauglich machten. Im Gegensatz dazu kennt man von den meisten in Zoos gezogenen Tieren wenigstens eine oder zwei Generationen von Vorfahren.

Importe von Neuweltkameliden aus den USA nach Europa sind wegen der restriktiven Einfuhrbestimmungen der Europäischen Union äußerst selten. Bewilligungen dazu gibt es lediglich in Nicht-EU-Staaten. Nach einer gewissen Frist dürfen in den USA geborene Tiere dann von Nicht EU-Staaten in den EU-Raum kommen. Importe aus Südamerika (in erster Linie aus Chile) in die Europäische Union sind wesentlich einfacher und werden von verschiedenen Haltern daher auch mehr oder weniger oft durchgeführt.

1.4.3 Organisation in Vereinen

Bereits 1981 wurden in den USA zwei Neuweltkameliden-Vereine gegründet, die „Llama Association of North America", LANA, und etwas später im selben Jahr die „International Llama Association", ILA, die sich um Informationsaustausch und Organisation von Veranstaltungen kümmerten. Nach und nach entstanden überall regionale Verbindungen, die Auktionen und Shows organisierten und somit zur weiteren Verbreitung von Lamas und Alpakas beitrugen.

Das „Internationale Llama Register", ILR, wurde gegründet und hat die zentrale Registrierung der US-amerikanischen Lamas übernommen, ein eigenes Register wird für Alpakas geführt.

Mittlerweile gibt es auch in vielen Ländern der „Alten Welt" Vereine, die sich um die Verbreitung und artgerechte Haltung von Neuweltkamelen kümmern und ihre Mitglieder mit den nötigen Informationen versorgen. Angeschlossen an diese Vereine ist meist auch eine nationale Registrierung der Tiere, um bei dem teilweise engen genetischen Pool Fehlentwicklungen durch Inzucht zu vermeiden. Die Vereine oder Verbände kümmern sich meist auch um die Qualitätsbeurteilung der Tiere, sei es jetzt durch „Screening" oder durch eine „Lineare Beschreibung" oder ähnliche Verfahren. Dem Interessenten wird damit eine möglichst objektive Beurteilung des betreffenden Tieres angeboten und so ein Vergleich der verschiedenen Angebote erleichtert. Bei verschiedensten Veranstaltungen treten die Vereine als Aussteller auf und informieren so vor Ort interessierte Neueinsteiger. Durch diese Aktivitäten konnte das Image der Lamas in den letzten zwei Jahrzehnten erheblich verbessert werden. Mittlerweile gelten diese nicht mehr ausschließlich als spuckende Exoten, sondern haben ihren festen Platz bei Tausenden von Haltern in allen Ländern Europas.

1.4.4 Selektive Züchtung im heutigen Südamerika

Erst seit einigen Jahren gibt es in Südamerika, und da vor allem in Bolivien und Chile, wieder Betriebe, die sich intensiv mit der Lamazucht beschäftigen und damit die durch mangelnde Sorgfalt und fehlende Selektion in den letzten Jahrzehnten entstandenen genetischen Defekte auszumerzen versuchen. Diese Betriebe wurden fast ausnahmslos auf Initiative und in Zusammenarbeit mit nordamerikanischen, englischen oder australischen Lamazüchtern aufgebaut. In erster Linie finden sich dort Tiere, die den Typen ähneln, die bei Shows und Auktionen außerhalb Südame-

Genpool = Gesamtheit der genetischen Informationen einer Population

Neuweltkameliden-Vereine

Selektion: Natürliche Selektion = der Stärkere überlebt (das zentrale Prinzip in Darwins Theorie des evolutionären Wandels). Künstliche Selektion = gesteuerte Zuchtwahl

rikas erfolgreich sind. Selten wird man auf diesen Betrieben den klassischen Lamatyp vorfinden, da dieser wie bereits erwähnt, im Showbereich kaum anzutreffen ist.

Der Export von Kameliden aus ihren Ursprungsländern stellt eine gute Möglichkeit zur Deviseneinnahme dar, wird aber durch restriktive Exportpolitik und durch die strengen Importbestimmungen der Abnehmerländer sehr in Grenzen gehalten. Die Preise für Exporttiere sind in den letzten Jahren sprunghaft angestiegen, nicht nur, weil man sich den Weltmarktpreisen angeglichen hat, sondern auch, weil durch Kontingentierung in manchen südamerikanischen Ländern die Stückzahlen der für den Export freigegebenen Tiere rigoros beschränkt worden sind. Und weil letztlich nicht mehr alles exportiert wird, was in den Andenländern gezüchtet wird, sondern die Interessenten auch hier auf Qualität achten. Es macht nur Sinn, Tausende Euros für Quarantäne, Untersuchungen und Transport auszugeben, wenn das importierte Tier dann auch als Zuchttier beste Eigenschaften mitbringt und vererbt.

Heute sind Lamas und Alpakas fast auf der ganzen Welt anzutreffen. In erster Linie werden sie in den Industrieländern als Freizeit- und Hobbytiere gehalten. Erst mit der stärkeren Verbreitung gewinnt auch außerhalb von Südamerika die Verarbeitung der Wolle an Bedeutung. In Neuseeland und Australien bemühen sich Investoren, die teilweise unrentable Schafwollproduktion durch massive Ansiedelung von Alpakas zu ersetzen. In den USA, in Groß-

britannien, Neuseeland, Australien wird feinste Alpakawolle bereits zu modischer Kleidung im hochpreisigen Marktsegment verarbeitet. Auch im deutschsprachigen Europa gibt es mittlerweile durch den Zusammenschluss mehrerer Halter Wollqualitäten und -mengen, die eine maschinelle Verarbeitung erlauben und erstklassige Produkte hervorbringen lassen.

1.5 Körperbau und Tierbeurteilung

Wie schaut ein richtiges Lama aus, wie groß soll es sein, wie viel Wolle muss ein Alpaka haben? Was ist der Unterschied zwischen einem Lama und einem Alpaka, was der zwischen Guanako und Lama, wie schaut ein Suri-Alpaka aus, wie ein Suri-Lama? Welche Kreuzungen gibt es? Was ist ein Huarizo?

Alles Fragen, die sich dem an der Haltung von Neuweltkameliden interessierten stellen.

Neben den einzelnen Arten gibt es unterschiedliche Typen. Die Größe des einzelnen Tieres sowie die Fellfarbe oder die Krümmung der Ohren bleiben in einem gewissen Rahmen dem Geschmack des Einzelnen überlassen. Für augenscheinliche Körperbaumerkmale, also das phänotypische Erscheinungsbild, wurden Kriterien

Suri-Alpaka, Suri-Lama, Huarizo

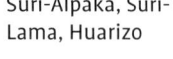

Links: Huacaya Alpaka
Rechts: Lama, mittel bewollt

festgelegt. Es gibt eine Definition des idealen Tieres, wovon jedes Tier gewisse Abweichungen haben wird. Die Größe dieser Abweichungen entscheidet darüber, für welche Zwecke das betreffende Tier geeignet erscheint.

Bei der Größe können sich erstmals die Geister scheiden. Die Registrierungsbestimmungen in den USA zum Beispiel sehen vor, dass ein Lama an den Schultern nicht weniger als 40 Zoll (101,6 cm) messen darf, ein Alpaka darf nach dieser Regelung am Widerrist maximal 42 Zoll (106,7 cm) messen.

Bereits hier sieht man, dass allein die Schulterhöhe kein eindeutiges Unterscheidungskriterium zwischen Lama und Alpaka darstellt.

Es muss demnach andere Kriterien geben, wonach man Lamas, Alpakas, Guana-

Lamas – Haustiere seit Jahrtausenden

kos und Vikunjas eindeutig unterscheiden kann.

1.5.1 Wildlebende Formen

Vikunjas und Guanakos als wildlebende Formen können anhand der äußeren Erscheinungsformen sehr leicht von den domestizierten Formen und auch leicht voneinander unterschieden werden.

Vikunjas sind mit einer Schulterhöhe von ungefähr 70 bis 80 cm wesentlich kleiner als Guanakos (100 bis 110 cm), haben eine längere Behaarung an der Halsvorderseite, einen schlankeren Hals und einen in der Relation etwas größer wirkenden Kopf. Beiden gemeinsam ist die wildfarbene Zeichnung. Der Kopf ist grau, bei Guanakos dunkel bis sehr hell, beim Vikunja eher graubraun, die Vorderseite des Halses ist sehr hell, fast weiß, ebenso die Innenseite der Beine und der Bauch. Die Flanken und der Rücken sind je nach Verbreitungsgebiet von hell rötlicher bis mittelbrauner Farbe.

Guanakos leben von Meeresniveau bis in Höhen von etwa 4 000 Meter, Vikunjas haben ihren Lebensraum in Höhen von 2 500 Meter aufwärts. Vikunjaherden leben in wesentlich größeren Territorien als Guanakoherden und sind wesentlich scheuer als diese.

1.5.2 Haustierformen

Bei den domestizierten Formen Lama und Alpaka ist die Unterscheidung eigentlich auch sehr eindeutig, wenn man von den Formen ausgeht, die aus der Zeit der Inkas herrühren.

Das Lama wurde als großrahmiges Lasttier gezüchtet, mit einer Schulterhöhe von 110 bis 125 cm. Die Bewollung ist zweiteilig, mit feiner, leicht gewellter oder gekräuselter Unterwolle und längeren, wesentlich gröberen, geraden und glänzenden Grannenhaaren. Die Farben variieren von reinweiß über grau, verschiedene Brauntöne bis zu schwarz, einfarbig, gescheckt oder getupft.

Die Ohren sind leicht nach innen gebogen, oft bananenförmig, wogegen die Ohren der Guanakos von vorne betrachtet eher symmetrisch erscheinen. Behaarung an den Ohren, an den Backen und auf der Stirn findet man beim Lama nicht sehr häufig und wenn, dann nicht so üppig, wie dies beim Alpaka üblich ist. Es gab schon in frühester Zeit auch Lamas mit stärkerer Bewollung und einem nur geringen Anteil an Grannenhaaren. Wie sehr dieser Einfluss bereits damals von Alpakas kam, lässt sich heute nicht mehr feststellen. Bekannt ist lediglich, dass die Lama- und Alpakazucht zur Zeit der Eroberung Südamerikas durch die Spanier in den Händen von sehr erfahrenen Zuchtwarten lag und damals ihre Hochblüte erlebte.

Alpakas wurden bei der Domestikation auf einheitliches, feines Vlies sowie feinste Kräuselung verbunden mit hohem Wollertrag selektiert. Grannenhaare fehlen im Vlies der Alpakas gänzlich oder sind sehr fein mit geringem Anteil. Das Schultermaß ist im Vergleich zum Lama wesentlich geringer und beträgt bei ausgewachsenen Tieren ungefähr 75 bis 85 cm. Der Hals wirkt nicht zuletzt durch die üppige Bewollung in der Relation etwas kürzer, der Kopf ist kürzer, die Stirn ist deutlicher abgesetzt als beim Lama. Die Ohren sind kurz und symmetrisch, sie haben die ungefähre Form von Speerspitzen. Der Rücken erscheint leicht gekrümmt, da das Becken im Vergleich zum Lama weiter nach unten geneigt ist, wodurch auch der Schwanzansatz nicht wie beim Lama am geraden Ende der Rückenlinie sitzt, sondern etwas tiefer liegt. Durch diese Neigung des Beckens sind auch die Hinterbeine stärker abgewinkelt als beim Lama.

Auch bei Alpakas gibt es die gesamte Farbpalette wie bei Lamas. Dazu finden wir auch Tiere, die rötlich braun, rötlich graubraun oder bläulich grau sind. Gescheckte Tiere sind wegen der intensiven Nutzung der Wolle weniger verbreitet. Lange Zeit wurden Alpakas stark auf weiß selektiert,

Huacaya Alpaka

da sich diese Wolle als Ausgangsbasis für jede Einfärbung eignet. Durch das Bleichen und nachträgliche Färben verliert die Wolle allerdings an Qualität, was dazu geführt hat, dass heute die Nachfrage nach ungefärbter Wolle in Naturtönen wieder größer ist. In weiten Landstrichen Südamerikas fehlt aber durch diese langjährige Selektion auf weiß gerade bei den Alpakas genetisches Farbpotenzial.

Durch die über lange Zeit fehlende Reinzucht vor allem von Lamas in Südamerika und die oft bewusste Kreuzung von Lamas und Alpakas haben sich Mischformen entwickelt, die einige Generationen später nicht mehr eindeutig als solche zu erkennen sind und daher oft schwer als Lama oder Alpaka definiert werden können. Kreuzungen zwischen Lamas und Alpakas, wie sie vor allem in

Huarizos = Kreuzung zwischen Lama und Alpaka

manchen Gebieten Südamerikas häufig anzutreffen sind, werden als „Huarizos" bezeichnet. Oft entstehen aus dieser Kreuzung etwas kleinere Tiere als Lamas mit etwas weniger Wolle als Alpakas, oft sind diese Tiere aber auch unproportioniert und wirken eher kurzbeinig. Auch in Nordamerika wurde vor einigen Jahren teilweise Alpakablut in die Lamapopulation eingekreuzt, um kleinere, wolligere Showtiere zu erhalten.

Sowohl in Nordamerika als auch in Europa sind wiederum viele der früheren Lamagruppen, die großteils als Ausgangsbasis für die heute privat gehaltene Population dienten, mehr oder weniger stark mit Guanakoblut durchsetzt.

Alle vier Arten von Neuweltkameliden lassen sich untereinander kreuzen und bringen fruchtbare Nachkommen. Lediglich die Vergesellschaftung von Vikunjas mit einer der drei übrigen Arten bereitet einige Probleme. Ein Vikunjahengst muss schon vom frühesten Fohlenalter an mit Lamas oder Alpakas aufwachsen, um danach diese Tiere decken zu wollen.

Alt- und Neuweltkamele haben die gleiche Chromosomenanzahl und sind daher theoretisch untereinander kreuzbar. In den Vereinigten Arabischen Emiraten wurden durch künstliche Befruchtung Kamel-Hybriden, genannt „Camas", gezüchtet: Eine Kreuzung zwischen Dromedar und Guanako, welche einem der früheren gemeinsamen Vorfahren ähneln könnten.

Exterieur =
äußere Erscheinung

Proportionen
links: Körper zu kurz;
mitte: ausgewogen;
rechts: körper zu lang

1.5.3 Korrekter Körperbau

Die Unterscheidung zwischen den vier Arten der Neuweltkameliden sollte also auch dem ungeübten Neueinsteiger einigermaßen gelingen. Viel wesentlicher ist jedenfalls, dass das Tier, für das Sie sich beim Kauf entscheiden, einen gesunden Eindruck hinterlässt und einen möglichst fehlerfreien Körperbau aufweist.

Um Fehler oder Mängel in der äußeren Erscheinung, im sogenannten Exterieur, beurteilen zu können, sollten Sie einiges über den Idealzustand dieser Tiere wissen.

Grundsätzlich kann man nur ein ausgewachsenes Tier zuverlässig beurteilen, da Tiere während des Wachstums oft unproportioniert aussehen. Wachstumsschübe können das Gleichgewicht der äußeren Erscheinung stark beeinträchtigen. In der überwiegenden Mehrzahl werden allerdings junge, etwa einjährige Tiere gekauft und diese sollten trotzdem einigermaßen verlässlich beurteilt werden können. Wie sich Lebewesen im Allgemeinen weiterentwickeln werden, kann man auch an den Eltern und Geschwistern erkennen, weshalb es von Vorteil ist, auch die „Verwandtschaft" des zu beurteilenden Tieres zu Gesicht zu bekommen.

Prinzipiell sollten die Proportionen ausgewogen erscheinen, was bei Neuweltkameliden bedeutet, dass die Länge des Rumpfes in etwa der Länge der Beine und der des Halses entspricht. Die Rückenlinie

sollte bei aufrechter Haltung gerade sein, bei Alpakas macht die Rückenlinie einen leichten Bogen nach oben.

Die Vorderbeine sollten von den Schultern gerade nach unten verlaufen, sowohl von der Seite als auch von vorne betrachtet. Die Fesseln sollten steil gestellt sein, mehr als 45°, und nicht durchgetreten erscheinen, die Zehen stehen im Idealfall parallel zueinander und zeigen gerade nach vorne, die Zehennägel sollten nicht krumm sein. Bei starker Bewollung und vor allem bei Alpakas ist es oft schwierig, die Vorderbeine genau zu sehen, weshalb hier mit etwas Wasser nachgeholfen werden sollte, um die Sicht auf die Struktur nicht durch die Wolle zu behindern. Das Umwickeln der Kniegelenke mit einer Binde macht je nach Bewollung aus leicht x-beinigen Tieren oft optisch korrekte, aus stark x-beinigen oft nur leicht x-beinige und ist ein Trick von manchen Verkäufern.

Der Abstand der Beine in Brustnähe sollte nicht zu eng, aber auch nicht zu weit sein. Hier gibt es kein absolutes Maß, ein Vergleich von möglichst vielen Tieren gibt ein Gefühl für eine passende Distanz. Ein zu großer Abstand zwischen den Vorderbeinen sorgt in Verbindung mit dem Passgang für einen behäbigen, stark schwankenden Gang, ein zu enger Abstand beeinträchtigt die Beweglichkeit ebenfalls negativ.

Die Hinterbeine sollten von hinten betrachtet ebenfalls gerade sein. Die Distanz der Füße zueinander sollte ungefähr der der Beine am Becken entsprechen. Von der Seite betrachtet sieht man in den hinteren Extremitäten eine deutliche Zickzack-Linie, die für eine harmonische Bewegung notwendig ist. Zu gerade Beine, seitlich betrachtet, sind für einen komfortablen Schritt ebenso hinderlich wie zu stark abgewinkelte. Die Füße sollten senkrecht unter dem Hüftgelenk am Boden aufstehen. Um das alles zu beurteilen, ist es notwendig, dass das betreffende Tier von einer anderen Person an der Leine geführt wird und man es von vorne, von der Seite und von hinten in der Bewegung und auch im Stehen betrachtet.

Den vorderen Beinen kommt mehr Bedeutung zu als den hinteren, da etwa 60 % des Körpergewichtes von den Vorderbeinen getragen wird.

Wenn Sie einige Tiere genauer ansehen, werden Sie sehr bald Unterschiede bemerken und erkennen, ob eine Bewegung harmonisch abläuft oder aber das Tier unkomfortabel wirkt. Das Tier sollte dabei aller-

Suri Alpakas haben ein besonderes Vlies

dings nicht auf einem ungewohnten oder glatten Boden gehen, sondern am besten auf einer Wiese.

Schließlich sollte in der Bewegung auch noch die „Spurweite" von Vorder- und Hinterbeinen nicht zu sehr differieren.

1.5.4 Weitere Kriterien zur Tierbeurteilung

Der Schwanz sollte gerade nach hinten stehen und nicht seitlich bewegt werden. Eine genetisch bedingte Krümmung im Schwanzbereich könnte in nachfolgenden Generationen Probleme an anderen Stellen der Wirbelsäule verursachen. Viele Tiere haben einen Knick oder eine Krümmung im Schwanz, obwohl das unmittelbar nach der Geburt nicht festgestellt wurde. Beim Spielen der Jungtiere beißen sie sich häufig gegenseitig in den Schwanz und können dadurch den Gegner leicht verletzen. Eine Verknorpelung dieser Bissverletzungen kann später dann wesentlich stärker auffallen.

In die Gesamtbewertung können schließlich noch die Ohren mit einbezogen werden, deren Form, ob bananenförmig oder mit gerader Innenlinie, ist aber eher Geschmackssache. Die Größe der Ohren sollte allerdings wieder proportional stimmen, da diese zum Gesamteindruck eines Lamas oder Alpakas sehr viel beiträgt.

Unbedingt beurteilen sollte man die Schneidezähne. Diese sollten bei geschlossenem Mund mit der Kauplatte des Oberkiefers abschließen und nicht darüber hinaus stehen. Hier kommt es bei Alpakas wesentlich häufiger zu Problemen als bei Lamas, meist ist dieses übermäßige Wachstum genetisch bedingt. Auch sollte die Kauplatte nicht über die Schneidezähne hinausragen. Im entspannten Zustand müssen sowohl die Kauplatte als auch die Schneidezähne von den Lippen umschlossen sein. Zur endgültigen Beurteilung der Zähne müssen allerdings die Milchzähne bereits

durch die permanenten ersetzt sein, was erst im Alter von mehr als drei Jahren abgeschlossen ist. Hier ist wieder von Vorteil, wenn man einen Blick auf die Elterntiere werfen kann.

Anders als bei Lamas, wird bei Alpakas auch die Qualität der Wolle beurteilt und nimmt einen wesentlichen Platz in der Gesamtbeurteilung ein. Hierbei geht es in erster Linie um die Feinheit des Vlieses sowie um dessen Dichte und um die Kräuselung der Fasern. Vliesdichte und Kräuselung kann man durch eine Scheitelung des Haarkleides beurteilen. Sieht man am Haargrund eine breite Linie der Haut, bedeutet das eine geringe Dichte, ist hingegen kaum Haut sichtbar, weist das Vlies eine große Dichte auf. Ebenso sind im gescheitelten Vlies die Wellenlänge und die Stärke der Krümmung sichtbar. Diese Beurteilung ist allerdings nur eine sehr reduzierte, die Wollqualität ist messbar und wird in Histogrammen dargestellt. Mehr dazu finden sie im Kapitel 7.7 „Wolle".

Nur ein ausgewogen proportioniertes und in der Bewegung harmonisches Tier hat beste Chancen für eine hohe Lebenserwartung unter gesunden Bedingungen. Jede Fehlstellung führt früher oder später zu Beeinträchtigungen und reduziert damit nicht nur den Wert des Tieres, sondern auch Ihre Freude am Lama oder Alpaka.

Mittlerweile werden auch in Europa genug Tiere angeboten und eine entsprechende Selektion vor dem Kauf ist zwar mit der Überwindung von einigen Distanzen verbunden, lohnt sich aber langfristig sehr wohl.

Bei den einzelnen Neuweltkameliden-Vereinen erhält jeder Interessent auch entsprechende Unterlagen und Informationen über Betriebe in der jeweiligen Umgebung. Bei Veranstaltungen kann man sich ebenso genauer informieren und dabei immer mehrere Tiere von verschiedenen Betrieben direkt miteinander vergleichen.

Histogramm = in der Statistik eine grafische Darstellung von Häufigkeiten in Form von Säulen

2 Haltung

Die Haltung von Tieren in menschlicher Obhut muss für die Tiere Bedingungen erfüllen, die deren physiologischen und ethologischen Bedürfnissen angepasst sind. Die Betreuungspersonen haben für das Wohlergehen der Tiere zu sorgen. Dazu gehören eine der Art und den Bedürfnissen entsprechende Ernährung, Pflege und Unterbringung sowie die Hintanhaltung (Unterbindung) von Schmerzen, Leiden, Schäden oder großer Angst.

2.1 Tierschutzgesetz

Die Mindestanforderungen an die Haltung von Tieren sind im Wesentlichen in jedem Land durch ein **Tierschutzgesetz**, Tierhalteverordnungen oder Ähnliches geregelt. Deshalb möchte ich den Ausführungen zu den Haltebedingungen Reglementierungen des (österreichischen) Tierschutzgesetzes voranstellen. Die Tierschutzgesetze wurden innerhalb der Europäischen Union in den letzten Jahren in allen wesentlichen Punkten angeglichen. In einigen Mitgliedsstaaten gibt es strengere, in anderen wieder weniger strenge Auflagen. Sinngemäß kann man die Grundsätze der Tierhaltung wie folgt beschreiben:

Tiere dürfen nur gehalten werden, wenn die Haltung ihr Wohlbefinden nicht beeinträchtigt und die folgenden Grundsätze eingehalten werden:

Wer Tiere hält, betreut oder zu betreuen hat, hat dafür zu sorgen, dass das Platzangebot, die Bewegungsfreiheit, die Bodenbeschaffenheit, die bauliche Ausstattung der Unterkünfte und Haltungsvorrichtungen, das Klima, insbesondere Licht und Temperatur, die Betreuung und Ernährung sowie die Möglichkeit zu Sozialkontakten ihren physiologischen und ethologischen Bedürfnissen angemessen ist.

Tiere sind so zu halten, dass ihre Körperfunktionen und ihr Verhalten nicht gestört werden und ihre Anpassungsfähigkeit nicht überfordert wird.

Es ist verboten, einem Tier ungerechtfertigt Schmerzen, Leiden oder Schäden zuzufügen oder es in schwere Angst zu versetzen.

Des Weiteren sind das Töten von Tieren, Eingriffe an Tieren, der Transport, die Versorgung bei Krankheit oder Verletzung und vieles mehr geregelt.

Darüber hinaus gibt es Mindestanforderungen für viele unterschiedliche Tierarten.

Bei Neuweltkameliden sehen diese vor, dass die Tiere in mit Zäunen gesicherten Gehegen zu halten sind. Die Zäune sind so auszuführen, dass sie für die Tiere gut erkennbar sind und die Tiere sich nicht verletzen können. Stacheldraht darf nicht verwendet werden. Eine dauernde Stallhaltung ist nicht erlaubt.

Den Tieren muss ein Stall oder ein Unterstand als Witterungsschutz zur Verfügung stehen, der allen Tieren auch gleichzeitig Schutz bietet. Werden die Tiere vorübergehend auf Weiden ohne direkten Zugang zu einem Unterstand oder Stall gehalten, so muss entweder ausreichend natürlicher Schutz durch Felsvorsprünge oder Baumgruppen vorhanden sein oder die Tiere müssen bei für die Tiere schädlicher Hitze oder Nässe in ein Gehege mit Zugang zu einem Unterstand oder Stall verbracht werden.

Ein Unterstand muss aus mindestens zwei Seitenwänden und einer Überdachung bestehen. Ställe oder Unterstände müssen eine lichte Raumhöhe von mindestens 200 cm aufweisen.

Der Boden muss geschlossen, rutschfest und trocken sein.

Neuweltkameliden sind in Gruppen zu halten, wobei zwei Tiere bereits eine Grup-

Tierschutzgesetz

pe bilden. Ausgenommen hiervon ist die vorübergehende Einzelhaltung von zugekauften Tieren oder Tieren, die besonders aggressiv sind oder behandelt werden. Einzeln gehaltene Tiere müssen Sichtkontakt zu anderen Neuweltkameliden haben.

Durch die Wahl der Besatzdichte ist die Erhaltung einer Bodenvegetation sicherzustellen, die eine Weidemöglichkeit bietet. Davon ausgenommen ist die Haltung von Neuweltkameliden in Gehegen mit befestigtem Boden.

Die Mindestflächen für Stall- und Gehegeflächen sind genau definiert, jedoch mit Unterschieden in den einzelnen Ländern. Die Stall- oder Unterstandsfläche sollte mindestens 6 m² betragen, wobei für jedes ausgewachsene Tier mindestens 2 m² zur Verfügung stehen müssen. Ein Gehege mit ausschließlich befestigtem Boden sollte mindestens 250 m² groß sein und darüber hinaus jedem Tier mindestens 40 m² Fläche bieten. Andere Gehege müssen mindestens 800 m² Fläche aufweisen und jedem Tier mindestens 100 m² Auslauf bieten.

Die Tiere müssen neben Wasser jederzeit Raufutter zur freien Verfügung haben. Einrichtungen zur Vorratsfütterung im Freien müssen überdacht sein.

Bei Verwendung von Tieren als Zug- oder Lasttiere oder zu sonstiger Arbeit ist sicherzustellen, dass die Tiere ausreichende Ruhepausen haben und nicht überfordert werden. Innerhalb eines Zeitraumes von 24 Stunden ist jedenfalls eine durchgängige Ruhepause von mindestens acht Stunden zu gewähren. Dabei sollte die Arbeitsbelastung in einem angemessenen Verhältnis zur Leistungsfähigkeit des Tieres stehen. Kranke oder sonst beeinträchtigte Tiere dürfen zur Arbeit nicht herangezogen werden.

Aufgabe eines Tierschutzgesetzes ist der Schutz des Lebens und des Wohlergehens der Tiere, das in der Befriedigung ihrer Bedürfnisse und der Unterbindung von Schmerzen, Leiden, Schäden oder großer Angst zum Ausdruck kommt.

Damit sind die Grundvoraussetzungen und Mindesterfordernisse für eine Tierhaltung aus der besonderen Verantwortung des Menschen für das Tier geschaffen.

2.2 Mindesthaltebedingungen

Wir halten Lamas und Alpakas sehr häufig als Freizeit- und Hobbytiere und nicht so sehr als landwirtschaftliche Nutztiere. Aus diesem Grund werden die definierten Mindestanforderungen für die Neuweltkamelidenhaltung in den meisten Fällen übererfüllt. Und dennoch gibt es immer wieder auch Fälle, wo nicht einmal diese minimalen Erfordernisse erreicht werden. Zur Grundversorgung eines ausgewachsenen Lamas oder Alpakas reicht eine Fläche von 100 m² selbstredend nicht aus und wer einmal in einem Unterstand mit 6 m² Grundfläche und einer lichten Raumhöhe von nur zwei Metern war, kann leicht nachvollziehen, wie sich dort zum Beispiel drei Lamas fühlen, die doch wesentlich mehr Standfläche als ein Mensch benötigen und meist, in Höhe der Ohren gemessen, auch etwas größer sind als dieser. Leider gibt es immer wieder Fälle, wo ein Lama oder ein Alpaka allein, ohne weitere Artgenossen, gehal-

Junghengste beim Kräftemessen

Berserk-Male-Syndrom beschreibt die Fehlprägung eines Hengstes. Ursache ist ein zu intensiver menschlicher Kontakt zum Jungtier während seiner etwa neunmonatigen Prägephase. Die Auswirkung ist, dass der Hengst im Menschen einen Angehörigen seiner Spezies und somit einen Rivalen sieht, den es in entsprechender Situation zu bekämpfen gilt. Insbesondere in Gegenwart einer Stute kann das höchste Gefahr für den Menschen bedeuten

ten wird. Die Vergesellschaftung mit anderen Tierarten ist zwar sicherlich besser als die totale Einzelhaltung, kann aber nicht als Ersatz für Artgenossen gelten. Neuweltkameliden haben eine stark ausgeprägte Sozialstruktur innerhalb einer Gruppe oder Herde. Sie haben eine deutliche Körpersprache, um ihre Bedürfnisse und Befindlichkeiten auszudrücken. Ein Pferd oder eine Ziege als Weidegenosse wird diese Sprache in den seltensten Fällen verstehen. Einzeln gehaltene Tiere vereinsamen, entwickeln untypische Verhaltensmuster und können im Extremfall auch für ihre Betreuer gefährlich werden. Mehr dazu lesen Sie im Kapitel 5 „Training" unter dem Stichwort Berserk-Male-Syndrom.

2.2.1 Unterstand

Wie bereits erwähnt sind die Dimensionen in den Tierschutzgesetzen als absolutes Minimum zu sehen, die ausreichen, um den Tieren eine artgerechte Unterbringung in menschlicher Obhut zu gewährleisten. Die meisten Tierhalter bemühen sich allerdings, für ihre Tiere Voraussetzungen zu schaffen, die optimale Lebensbedingungen schaffen. Der Unterstand oder Stall ist meist wesentlich größer bemessen, da er in fast allen Fällen Einrichtungen zur Vorratsfütterung, zur Wasserversorgung, Heubevorratung und mehr enthält. Die lichte Höhe im Unterstand sollte mindestens 2,2 Meter betragen, da große Tiere auch über dem Kopf noch entsprechenden Freiraum haben wollen und besonders im Sommer

die Luftqualität im Bereich unmittelbar unter der Decke schon beeinträchtigt sein kann. Lamas lieben keine höhlenähnlichen Unterstände, da sie sich darin zu sehr beengt fühlen. Daher ist für entsprechenden Lichteinfall im Unterstand zu sorgen. Vorsicht ist bei verglasten Fenstern angebracht, hier ist es notwendig, die Tiere durch entsprechende Gitter vor direktem Kontakt mit den Glasscheiben zu schützen. Es soll schon vorgekommen sein, dass ein Lama in Panik durch eine verglaste Fensteröffnung gesprungen ist.

Die Türöffnung sollte an der Nordseite oder an einer windgeschützten Stelle angebracht werden, um zu starke Zugluft im Eingangsbereich zu vermeiden. Oft dürfen rangniedere Tiere nicht im Unterstand nächtigen, wollen aber auch bei der Gruppe bleiben und sind so gezwungen, im Türbereich zu liegen. Häufig findet man auch das ranghöchste Tier direkt innerhalb der Türöffnung liegend, wodurch es einen besseren Überblick über eventuell auftretende Gefahren erhält. Lässt es sich bei der Anordnung der Tür nicht vermeiden, dass diese dem Zug ausgesetzt ist, kann man im Winter auch eine Decke vorhängen und einen nur kleinen Spalt offen lassen. Dabei dauert es einige Zeit, bis die Tiere anstandslos hindurchgehen. Oft gewöhnen sich die Tiere durch sukzessives Schließen der Decke besser daran. Wird eine Schiebetüre eingeplant, so ist ein nur teilweises Schließen der Tür an extrem kalten Tagen ebenfalls leicht möglich. Eine weitere Möglichkeit sind Vorhänge aus Kunststoffbahnen, die je nach Bedarf mehr oder weniger geschlossen werden können.

Als Baumaterial für den Unterstand selbst eignet sich Holz vorzüglich und fügt sich auch meist gut in die Umgebung ein. Wenn bereits ein gemauerter oder teilweise betonierter Stall von einer vorherigen Tierhaltung vorhanden ist, bringt dessen Adaptierung im Winter oft weniger Zugluft und bessere Kälteisolierung, vor allem aber während der heißen Sommermonate einen kühlen Unterstand, was von Neuweltkameliden sehr geschätzt wird. Diese halten sich dann tagsüber vorwiegend im Stall auf und gehen dann erst in den Abendstunden auf die Weide und nutzen so die kühleren Nachtstunden zur Futteraufnahme. Weidezelte sind schnell aufgestellt und wieder abgebaut und eignen sich daher für vorübergehende Weidenutzung bestens.

Eine ausreichende Belüftung bei großer Hitze ist vor allem bei Verwendung von Blech oder Kunststoff als Baumaterial für den Unterstand vorzusehen. In den wärmeren Regionen der USA ist es durchaus üblich, im Unterstand einen großen Ventilator zu installieren oder sogar den Stall mit einer Klimaanlage auszurüsten.

Der Boden im Unterstand sollte befestigt sein, was nicht unbedingt gleich Beton bedeutet. Ein sägerauer Holzboden, obwohl von manchen wegen der erhöhten Rutschgefahr bei Nässe nicht empfohlen, lässt sich bei Berücksichtigung einiger Faktoren ganz gut verwenden. Im Eingangsbereich, wo die Tiere, wenn sie an Regentagen vom Paddock oder von der Weide reinkommen, noch sehr viel Wasser verlieren, ist ein rutschfester Bodenbelag zu bevorzugen.

Abgesehen davon kann in einem Unterstand ein Holzboden, den die Lamas von ihren Fäkalien frei halten, eine angenehme Ruhe- und Liegefläche bilden. Dabei kann man auf Einstreu gänzlich verzichten, was wiederum der Reinheit der Wolle dient.

Mit entsprechender Information und Vorarbeit kann man bei Neuweltkameliden die Lage des Kotplatzes in den meisten Fällen beeinflussen. Das Wichtigste dabei ist die Reihenfolge der Arbeiten, denn ein erst einmal von den Tieren angelegter Kotplatz ist durch fast nichts mehr zu verlegen. Das heißt, man sollte bereits vor Eintreffen der ersten Tiere den Ort des Dungplatzes festlegen, aber nicht wahllos, da die Tiere bestimmte Gegebenheiten bevorzugen. Als Lamahalter will man nicht, dass der Kotplatz unmittelbar am meist begangenen Weg im Türbereich angelegt ist. Die Tiere selbst bevorzugen „strategisch" wichtige Punkte wie zum Beispiel eine Ecke des Paddocks, möglichst in Richtung drohender Gefahren. Sollte in Sichtweite bereits eine andere Gruppe untergebracht sein, so würden Kameliden ihren neu zu

Ein Unterstand schützt vor Regen, Wind und Schnee

errichtenden Mistplatz im äußersten Bereich des Paddocks, der dem Nachbargehege zugewandt ist, anlegen. Diese Verhaltensweise ist ein Urinstinkt, wonach Dungstätten als Markierungen des Reviers dienen.

Ganz sicher will man nach Möglichkeit vermeiden, dass die Lamas ihren Kot im Unterstand absetzen, weshalb man sie nicht unmittelbar nach Ankunft in ihrem neuen Gehege im Unterstand einsperren sollte. Empfehlenswert ist in jedem Fall die Errichtung von einem Paddock als Vorplatz zum Unterstand oder Stall. Dieser sollte einen befestigten Boden und eine im Vergleich zur übrigen Weide stabilere Einzäunung aufweisen. In diesem Paddock mit einer Mindestgröße von etwa 15 m² und einer Fläche von ungefähr 3 m² je Tier sollte man beim Eintreffen der ersten Tiere eine kleine Menge von dem aus dem Gehege des Verkäufers mitgebrachten Kot an die arbeitstechnisch richtige Stelle legen und die Tiere gleich in diesem Bereich an der langen Leine halten. Diese werden sehr bald den vertrauten Geruch wahrnehmen und diese Stelle künftig als ständigen Kotplatz benutzen. Es kann allerdings vorkommen, dass manche Tiere bei anhaltendem Regenwetter und vielleicht nicht befestigtem Boden im Paddock zum Verrichten der Notdurft doch den Unterstand nicht verlassen und dann, wenn ein Tier damit begonnen hat, alle anderen diesen Platz ebenfalls benutzen werden. Deshalb empfiehlt sich im Paddock ein entsprechend befestigter Boden, zum Beispiel mit Holzstöckelpflaster, Betonsteinen, Waschbetonplatten oder aber eine Asphaltdecke. In jedem Fall ist für ein geringes Gefälle zu sorgen, um das Ablaufen des Urins und natürlich auch des Oberflächenwassers zu gewährleisten.

Gut bewährt hat sich auch die Errichtung eines überdachten Vorplatzes unmittelbar vor dem Eingang zum Unterstand. Aufgrund ihrer angeborenen Neugierde sitzen Neuweltkamele gerne auch vor ihrer Unterkunft, was ihnen durch ein Dach über diesem Bereich das ganze Jahr über ermöglicht wird.

2.2.2 Weide

Aufmerksam und neugierig

Als Weideland für Neuweltkameliden ist jede Art von Wiese geeignet, die auch für andere, in unseren Breiten gehaltene Tiere Verwendung findet. Lediglich zu feuchte Stellen sollten wegen der möglichen Beeinträchtigung der Gesundheit ausgesperrt oder gänzlich vermieden werden.

Da Alpakas und Lamas in Europa vorwiegend als Hobby- und Freizeittiere gehalten werden und die Haltung im landwirtschaftlichen Vollerwerb zumindest zurzeit noch nicht sehr weit verbreitet ist, werden sie meist auf Flächen gehalten, die maschinell nicht oder nur sehr schwer bearbeitet werden können, Grenzertragsflächen, die zur intensiven Nutzung nicht geeignet sind. Diese oft sehr steilen Wiesen kommen gerade dem Naturell dieser Weidetiere sehr entgegen, da sie in ihren Ursprungsländern meist ebenfalls im eher unwegsamen Gelände heimisch sind. Als Schwielensohler verursachen sie kaum Trittschäden und sind somit bestens geeignet, Flächen zu beweiden und dadurch zu pflegen, die kaum von einer anderen Tierart gleichermaßen schonend behandelt werden.

Die durchschnittliche Besatzdichte von sieben ausgewachsenen Lamas oder zehn Alpakas bei mittlerem Futteraufwuchs kann nur erreicht werden, wenn mit der Weidefläche rationell umgegangen wird. Dazu ist eine gewisse Pflege und bei größeren Flächen eventuell auch eine Einteilung in Portionsweiden Voraussetzung.

Durch diese relativ kleinen Portionsweiden, die jeweils nur kurze Zeit beweidet und dabei vollständig abgefressen werden sollten (ausgenommen natürlich im Bereich der Kotplätze), kommt es zu einer geringen Selektionsmöglichkeit für die Tiere, wodurch sichergestellt ist, dass diese auch ausreichend Rohfaser aufnehmen und nicht nur die feinen und damit leichter verdaulichen Pflanzenteile auswählen. Durch die Unterteilung der gesamten Weidefläche in mehrere kleine Einheiten haben die Pflanzen die Möglichkeit, nach einer kurzen und intensiven Beweidung eine lange Regenerationsphase einzulegen. Dadurch kommt es wieder zur Bildung von einem entsprechenden Rohfaseranteil im Bewuchs, was eine optimale Versorgung der Tiere ermöglicht.

Wenn man nun auch noch die Tiere in zwei Gruppen aufteilen kann, die unterschiedliche Ansprüche an das Futter stellen, kann die Gruppe mit erhöhtem Energiebedarf für einige Tage in der frischen Koppel grasen und danach in die nächste gehen, wobei die Gruppe mit weniger Bedarf immer „nachweiden" wird. Dadurch kann man Tiere, die weniger Leistung erbringen müssen, auf „Diät" setzen.

Diese Methode beschränkt sich aller-

dings auf die Haltung von größeren Einheiten und findet daher bei uns selten Anwendung. Auch bei einer Haltung von nur wenigen Tieren ist jedoch eine Unterteilung der Weidefläche sinnvoll, da der Aufwuchs des Futters jahreszeitlich bedingt doch sehr unterschiedlich ist. Ein Teil der Weide wird meist, zumindest beim ersten Schnitt, zur Heugewinnung verwendet werden, wobei im Herbst größere Flächen für den Weidegang zur Verfügung stehen.

Die Einteilung in Portionsweiden kann sehr effizient durch Elektrozäune erfolgen, diese lassen sich rasch versetzen und die Weidefläche kann somit an den Bedarf angepasst werden. Um eine entsprechende Qualität des Futteraufwuchses auf der Weide zu erhalten oder erst einmal zu erreichen, sind gewisse Maßnahmen notwendig. Mit dem Grundfutter beim Weidegang sollen die Tiere mit ausreichender Energie versorgt werden und die wesentlichen Nährstoffe, Vitamine und Mineralstoffe müssen dem Körper zugeführt werden. Nur gut geführte Weiden bieten eine optimale Versorgung der Tiere und unterstützen dadurch eine arbeitsextensive Nutzung. Während der gesamten Weidezeit sollte entsprechend reifes und dichtes Futter vorhanden sein, welches auch gut ausgenutzt werden sollte. Dieser günstige Futterbesatz ist nur während einer kurzen Periode vorhanden. Ist der Aufwuchs noch zu jung, wird zu viel Energie mit zu wenig Rohfaser aufgenommen, ist das Futter bereits zu alt, verhält es sich umgekehrt. Die Ruhezeit, also die Zeitspanne die ein Aufwuchs braucht, um weidereif zu werden, beträgt im Frühsommer nur etwa 14 Tage, nimmt zum Herbst hin ständig zu und kann dann schon mehr als 40 Tage betragen. Das bedeutet, dass die verfügbare Weidefläche mit dem Lauf des Jahres ständig vergrößert oder aber durch Mähen oder Heuen zu Beginn der Weideperiode entsprechend reduziert werden sollte.

Bei zu knapp bemessener Weide kommt es zu einem übermäßigen Verbiss von ganz jungen, erst nachgetriebenen Pflanzen, was

Weidehaltung ist artgerecht

langfristig zu einer nachhaltigen Beeinträchtigung des Weidelandes führt. Die Nachtriebskraft ist beeinträchtigt, die Grasnarbe ist zu starker Sonnenbestrahlung ausgesetzt und Futterverluste sind die Folge. Bei zu großzügig angelegter Weide wird von den Tieren sehr stark selektiert und weniger schmackhafte Sorten bleiben stehen. Diese können dann ungehindert verblühen und sich somit intensiver und rascher vermehren. Regelmäßig müssen sogenannte Geilstellen im Bereich der Kotplätze nachgemäht werden. Bei zu klein bemessener Weidefläche wird zu knapp an den Kotplätzen gefressen und somit steigt die Gefahr der Aufnahme von Parasiten, die dort Zwischenstadien durchlaufen. Das an solchen Stellen gemähte Gras darf deswegen auch nicht an einem anderen Platz, zum Beispiel im Unterstand, an die Tiere verfüttert werden, obwohl es von ihnen abseits der Dungstätten aufgenommen werden würde. Ein regelmäßiges Entsorgen des Dunges von den Kotplätzen reduziert die ständige Überdüngung an diesen Stellen. Mulchen oder Schlegeln des Aufwuchses rund um Kotplätze verhindert die Samenbildung von unerwünschten Pflanzen (Brennnessel, Ampfer, Hirse, etc.) und somit die weitere Vermehrung an diesen Stellen.

Das Austreiben der Tiere sollte im Frühjahr auch nicht zu spät erfolgen, bei den ersten Weidegängen, die, wie bereits erwähnt, erst nach entsprechender Sättigung mit Raufutter erfolgen sollten, kann das Grünfutter schon angeboten werden, bevor es noch weidereif ist. Diese tägliche Weidezeit wird dann langsam erhöht. Ein zeitiger Austrieb der Tiere im Frühjahr führt gerade bei den Pflanzenarten, die von den Tieren gerne aufgenommen werden zu einer Bestockung und damit Stärkung für die folgende Vegetationsperiode.

Sobald das Futter gut weidereif ist, kann bereits mit dem Silieren, etwas später mit der Heugewinnung begonnen werden. Idealerweise erfolgt das in kleineren Portionen, um den Tieren den Futternachwuchs dann auch wieder portionsweise anbieten zu können.

Bäume müssen ausgegrenzt werden

Dies klingt zwar jetzt alles nach intensiver Arbeit, ist aber gerade bei größeren Beständen notwendig, um langfristig gutes Grundfutter anbieten zu können und dabei die Weideflächen schonend zu behandeln.

Bei der Haltung von nur wenigen Tieren rentiert sich die Unterteilung in viele Portions- oder Koppelweiden nicht, eine Unterteilung in einige Koppeln ist aber auch dann zweckmäßig.

Da Neuweltkameliden ihre Exkremente an wenigen Stellen in der Weide konzentriert absetzen, fehlt eine Rückführung von Nährstoffen durch Kot und Harn gänzlich. Lediglich an den Kotplätzen kommt es zu einer Konzentration dieses Nährstoffrückflusses.

Zum Ausgleich dieses Umstandes ist eine Ausbringung von Handelsdünger in mine-

Bodenanalyse

**Entzug an Nähr-
stoffen**

ralischer Form oder von Wirtschaftsdünger (Mist) erforderlich. Im Wesentlichen ist eine Versorgung mit den Nährstoffen notwendig, die dem Boden durch die Nutzung entzogen und nicht durch Verwitterung, Humusabbau oder Regenwasser wieder zugeführt werden.

Vor allem Stickstoff, Phosphor, Kalium, Kalk und Magnesium müssen dem Boden in regelmäßigen Abständen wieder zugeführt werden. Bei ausbleibender Düngung wird der Futterertrag ständig abnehmen, bei intensiver Düngung kann der Ertrag erheblich gesteigert werden. Da unsere Neuweltkameliden in erster Linie nicht in der intensiven Tierhaltung angesiedelt sind, spielt der Futterertrag eine eher untergeordnete Rolle. Gänzlich auf eine Düngung verzichten kann man jedoch langfristig nicht, da sonst der Boden zu sehr verarmen und die Vielfalt der Pflanzen darunter leiden würde.

Der jährliche Entzug an Nährstoffen durch die Grünlandnutzung setzt sich je Hektar, abhängig von der Intensität der Nutzung, ungefähr wie folgt zusammen:

Phosphor 30 bis 50 kg
Stickstoff 80 bis 120 kg
Kalium 150 bis 200 kg
Kalk 75 kg
Magnesium 20 bis 25 kg

Diese Mengen an Nährstoffen können dem Boden durch jährliche Stallmistgaben zugeführt werden, wobei eine Ausbringung von ungefähr 15 000 kg Rinder- oder Pferdemist je Hektar notwendig ist. Der Mist von Lamas ist aufgrund des geringeren Strohanteils etwas höher konzentriert und daher reichen Gaben in geringerer Dosierung. Jedoch werden durch den sensiblen Geruchssinn jene Flächen von Lamas gemieden, die kurz zuvor mit deren Mist gedüngt wurden. Deshalb ist es bei Verwendung von Lamamist notwendig, diesen im Herbst auszubringen und vor dem Weidegang mindestens einen Schnitt durchzuführen.

Wer nicht die Möglichkeit hat, den von seinen Tieren erzeugten Mist auszubringen

bzw. anderen Wirtschaftsdünger zu organisieren, ist gezwungen, mineralischen Dünger einzusetzen, der im Landproduktehandel in verschiedensten Kombinationen angeboten wird.

Eine ausreichende Versorgung des Bodens mit Kalk ist ebenfalls von entscheidender Bedeutung, da dadurch der Säuregehalt im Boden positiv beeinflusst wird und nur damit die anderen Nährstoffe für die Pflanzen gut verfügbar bleiben. Eine direkte Ertragssteigerung durch Kalkung ist beim Grünland eher selten und nur auf stark übersäuerten Böden zu erwarten.

Für eine erste Bestandsaufnahme der Bodenverhältnisse und den daraus resultierenden Düngemaßnahmen ist die Erstellung einer Bodenanalyse notwendig, die meist gleich mit einer Düngeempfehlung verbunden wird. Die für den jeweiligen Bereich zuständigen Landwirtschaftskammern (in den nördlichen und westlichen Bundesländern) oder Landwirtschaftsämter (in den süd- und ostdeutschen Bundesländern) unterstützen die Betriebe in all diesen Fragen und nennen die Institute, die solche Analysen durchführen und über die notwendigen Maßnahmen beraten.

Neben diesen Düngungsanforderungen sind zur Erhaltung eines entsprechenden Ertrages auch noch weitere Arbeiten notwendig.

Im Besonderen nach Ausbringung von Wirtschaftsdünger im Herbst sollten dessen Rückstände im Frühjahr durch Abschleppen zerkleinert und Maulwurfshügel eingeebnet werden.

Wenn die Weiden regelmäßig nachgemäht werden, verunkrauten sie weniger, da die von den Tieren verschmähten Pflanzen keine Samen ausbilden können.

Weitere Ursachen einer Verunkrautung sollten von vorneherein vermieden oder rechtzeitig behoben werden. Dazu gehören unter anderem eine zu lang andauernde Beweidung, Nässe oder Trockenheit, Nährstoffmangel oder einseitige Nährstoffversorgung sowie zu starke Bodenverdichtung.

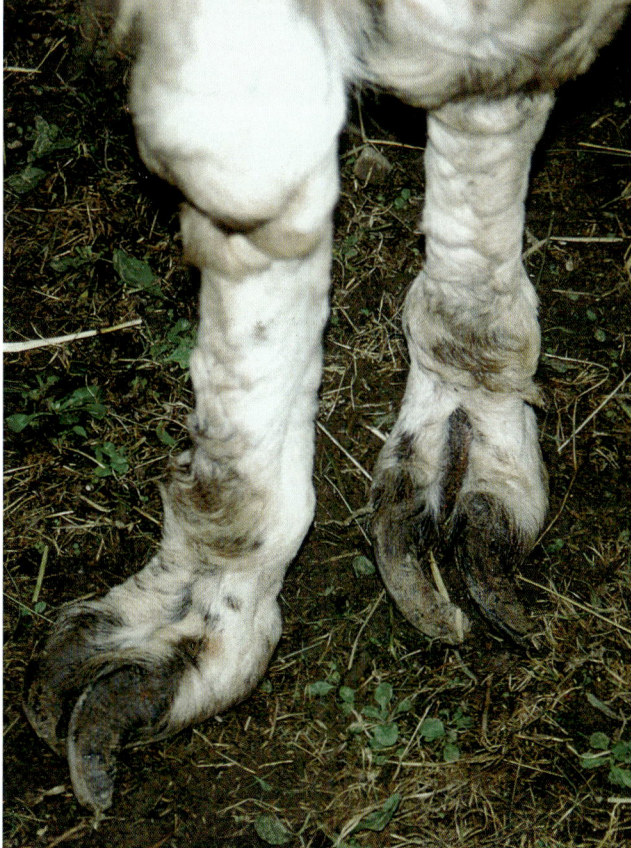

Eine chemische Bekämpfung der Unkräuter ist meist wegen der danach nicht möglichen Beweidung ausgeschlossen. Es kommt deshalb nur die mühsame mechanische Beseitigung des Unkrautes in Frage. Umso mehr ist auch hier eine entsprechende Vorsorge durch Weidemanagement, Pflegemaßnahmen und richtige Düngung von Bedeutung. Um einen gewünschten Ertrag an Grundfutter zu erreichen, muss im Bewuchs der Weidefläche das Verhältnis zwischen Gräsern und Kräutern stimmen. Die Gräser sind hauptverantwortlich für den Ertrag einer Wiese und sollten daher etwa zwei Drittel des Wiesenbestandes bilden. Das restliche Drittel sollte aus Kräutern und Leguminosen (Rot- oder Weißklee) bestehen. Die Gräser, und da vor allem Sorten wie Wiesenrispe oder Wiesenschwingel, bilden mit ihren Ausläufertrieben eine dichte und belastbare Grasnarbe. Und diese dichte Grasnarbe ist die effizienteste Vorsorgemaßnahme gegen eine Verunkrautung, da Unkrautsamen an den kahlen Stellen beste Bedingungen vorfinden.

Da die Tiere meist während der gesamten Vegetationsperiode auf den Weiden sind, kommt der Vorbereitung der Weidefläche für den Winter eine besondere Bedeutung zu.

Um den Aufwuchs für das nächste Frühjahr nicht zu sehr zu beeinträchtigen, sollten gewisse Ratschläge befolgt werden.

Eine Überwinterung von zu spät und zu stark beweideten Flächen birgt die Gefahr eines verspäteten Futteraufwuchses im Folgejahr. Dabei ist der Minderertrag im Frühjahr besonders nach einem strengen Winter wesentlich höher als der Futternutzen im Spätherbst. Auch Trittschäden wirken sich im Herbst wesentlich stärker aus als im Frühjahr oder Sommer, da sie dann nicht mehr gut „verheilen" können.

Futterwiesen und Feldfutter sollten mit etwa acht bis zehn Zentimeter Höhe in den Winter gehen. Dann besitzen die Futterpflanzen genug Vorrat an Reservestoffen für die Lebenserhaltung über den Winter. Narbenschäden und Trittschäden sollten

noch im Herbst durch Einsaat rasch keimender Gräser (Englisches Raygras) ausgebessert werden.

2.2.3 Zäune

Wie jedes Weidevieh, das in unseren Breiten gehalten wird, sind auch Lamas und Alpakas mit den verschiedensten Arten von Zäunen mehr oder minder effizient und mehr oder weniger kostenintensiv auf den für sie vorgesehenen Weideflächen zu halten. Dass diese verschiedenen Zauntypen auch noch besser oder manchmal weniger gut in die Landschaft passen, sei ebenfalls erwähnt, weil in manchen Regionen die zuständige Baubehörde auch die Art des Zaunes vorschreibt.

Grundsätzlich genügt für Alpakas eine Zaunhöhe von einem Meter für Lamas sind 1,35 m ausreichend, für Guanakos sollten 1,5 m eine entsprechende Barriere darstellen, um sie am Davonlaufen zu hindern. Obwohl diese Höhen von den jeweiligen Arten rein physisch gesehen noch relativ leicht zu überwinden sind, werden sie in der Regel in ihrem Gehege bleiben und nicht ohne triftigen Grund ausbrechen. Neuweltkameliden sind, ähnlich wie auch Schafe, relativ ortsfest, sofern sie sich einmal mit ihrer Umgebung vertraut gemacht haben und sich nicht durch in Sichtweite befindliche Artgenossen angezogen fühlen. Manchmal kommt es vor, dass Lamas oder Alpakas sich in einer neuen Umgebung nicht sicher fühlen, weil drohendes Gefahrenpotenzial in unmittelbarer Nähe entdeckt wurde. Dies können für sie fremde Tierarten, Geräusche oder Gerüche sein, was große Nervosität zur Folge hat und die neu eingestellten Tiere unentwegt nach einer Fluchtmöglichkeit suchen lässt.

Wenn Sie Neuweltkameliden in ein neues Gehege bringen, sollten Sie diese zuerst in einem kleineren Paddock oder im Unterstand verweilen lassen, sodass sie sich an die neuen Bedingungen gewöhnen können. Sperren Sie die Tiere allerdings nicht im Unterstand ein, das macht ihnen noch mehr Angst und kann zu Panik führen.

Linke Seite: Weideeinrichtungen
Oben: Ein nach drei Seiten geschlossener Unterstand reicht für Neuweltkameliden.
Mitte links: Überdachte Futterkrippe am Vorplatz des Stalles.
Unten links: Sand im Paddock sorgt für saubere Wolle.
Mitte links: Die Ecken von Zäunen müssen stabil ausgeführt sein.
Unten rechts: Mit massiven Zäunen können auch Stuten und Hengste gehalten werden.

Sollte ein Tier entlaufen, schauen Sie nach Möglichkeit, die restlichen Lamas oder Alpakas sicher zu verwahren. Wenn die gesamte Gruppe wegläuft, gibt es keine Bindung zum Gehege mehr. Solange aber ein Teil der Gruppe im Gehege oder Unterstand bleibt, haben die entsprungenen immer wieder das Bedürfnis, zum Gehege zurückzukommen. Sollten sich die entlaufenen Lamas aber immer weiter vom Gehege entfernen, ist es ebenfalls vorteilhaft, noch ein weiteres Tier zur Hand zu haben, um mit diesem an der Leine die anderen wieder anzulocken. Meist gehen entlaufene Tiere zuerst ihrem Bewegungsdrang nach und suchen dann nach gutem Futter. Laufen Sie den Tieren nicht nach! Damit treiben Sie diese nur noch weiter weg. Lamas und Alpakas sind sehr neugierige, aber auch sehr vorsichtige Lebewesen, die bei möglicher Gefährdung gerne zu bekannten Territorien zurückkehren. Aber auch hier gibt es Ausnahmesituationen. Wenn ein Tier in eine Gruppe mit festem Sozialgefüge integriert werden soll und es sich dort überhaupt nicht wohl fühlt oder zu sehr angefeindet wird, hat dieses keine Bindung an das Gehege und wird wahrscheinlich ziellos davonrennen. Es gibt auch Berichte über Lamas, die sich über mehrere Monate in unbewohnten Regionen aufgehalten haben und immer wieder von Menschen gesehen wurden.

Sind die Tiere an ein gewisses Signal bei der Fütterung gewöhnt, so ist es leichter, sie mit diesem Signal wieder anzulocken und dingfest zu machen. Außerdem lieben es diese Tiere, die Nächte auf einem angestammten Platz in sicherer Umgebung zu verbringen, weshalb sie bei Einbruch der Dunkelheit gerne in die Nähe des Geheges kommen.

Kein Zauntyp ist für die Verwendung bei Lamas oder Alpakas generell ungeeignet, Stacheldraht ist aber wegen der damit verbundenen Verletzungsgefahr nicht zu empfehlen, obwohl schon hin und wieder Tiere auf einer vormals als Kuhweide genutzten und daher mit Stacheldraht eingezäunten Weide untergebracht werden.

Ein Holzzaun mit Pfosten im Abstand von zwei bis drei Metern und Querbrettern oder Stangen passt fast immer, ist allerdings teuer in der Anschaffung und benötigt auch einigen Aufwand für die Instandhaltung. Die Pfosten sollten dabei aus imprägniertem Lärchen- oder wegen der erhöhten Lebensdauer noch besser aus Akazienholz sein. Dieser Zaun zeichnet sich durch seine Stabilität aus und ist daher im Paddockbereich und bei Abgrenzungen zwischen einzelnen Lama-Gruppen vorteilhaft. Die Abstände zwischen den einzelnen Brettern oder Stangen dürfen dabei aber nicht zu groß gewählt werden, um ein Durchschlüpfen mit Kopf und Hals

Stabiler Zaun mit engmaschigem Geflecht

zu verhindern. Auch darf der Abstand vom Boden nicht zu groß sein, um nicht ein „Durchrobben" von Neugeborenen zu ermöglichen.

Bei einer Verwendung von Zäunen aus Holz ist zu beachten, dass das verwendete Material von guter Qualität und entsprechend imprägniert sein muss. Wie bereits erwähnt, ist ein Holzzaun nicht nur bei den Materialkosten, sondern auch bei der zur Errichtung erforderlichen Arbeitsleistung etwas aufwändiger als die meisten anderen Zaunarten. Deshalb sollte die zu erwartende Lebensdauer durch optimale Vorsorgemaßnahmen maximiert werden.

Sehr häufig findet ein Zaun aus verzinktem Drahtgeflecht Verwendung. Die einzelnen Pfosten können aus verschiedensten Materialen bestehen. Oft findet man dabei imprägniertes Holz, verzinkte Eisenrohre, Beton- oder Kunststoffpfosten aus Recyclingmaterial. Dieser Zauntyp ist sehr schnell errichtet und ist, wenn er sorgfältig verarbeitet wird, langlebig und bedarf praktisch keiner Wartung. Solche Geflechte sind im bodennahen Bereich meist „hasendicht", das heißt sie haben dort engere Maschen. Das hindert Eindringlinge am allzu leichten Hineingelangen und lässt auch die Lamas nicht durch den Zaun durchgrasen.

Verwendet man einen sogenannten Kulturzaun, der auf der gesamten Höhe gleich große Maschen aufweist, werden die Lamas oder Alpakas sehr bald glauben, dass das Futter jenseits ihrer Gehegegrenzen besser sein könnte. Sie werden durch das Grasen außerhalb des Zaunrandes den Zaun zu sehr beanspruchen, dass er zwischen den Pfosten durchzuhängen beginnt und im Lauf der Zeit nicht nur unansehnlich, sondern auch unsicher wird. In diesem Fall empfiehlt es sich, den obersten Längsdraht des Geflechts an Stangen oder Streben zu befestigen, die von einem Pfosten zum nächsten verlaufen. Wenn dieser Zaun auch noch am Boden im Abstand von ungefähr einem Meter verankert wird, stellt das eine dauerhafte und stabile Lösung dar.

Der einzige Nachteil bei dieser Art der Einzäunung ist die in manchen Gegenden unpassende Optik.

In letzter Zeit finden immer häufiger die unterschiedlichsten Arten von Elektro-Zäunen Verwendung. Schnell errichtet, preiswert, relativ leicht wieder zu beseitigen oder zu verlegen ist diese Umzäunung eine

Weitmaschige Zäune verleiten zum Durchfressen

Elektrozaun mit Breitbändern und Drähten

Art, die durchaus überlegenswert erscheint. Dabei sind nur einige solide Drähte mit etwa 2,5 mm Durchmesser zu spannen; wobei für Alpakas vier und für Lamas fünf Drähte ausreichend sind. Um die Sichtbarkeit dieses Zaunes zu erhöhen, sollte man eine oder zwei Litzen mit Kunststoffbändern oder Weideseilen spannen, die ebenfalls stromführend sind.

Wenn ein Elektrozaun aus breiten Kunststoffbändern errichtet wird, empfiehlt sich trotzdem, parallel zum zweiten Band, vom Boden gezählt, einen Metalldraht zu spannen. Neuweltkameliden sind sehr stromempfindlich, ihre starke Bewollung ermöglicht es ihnen allerdings, gerade bei den Breitbändern ihre Wolle als Isolator zu verwenden, und es kommt nicht selten vor, dass ein Lama durch den Elektrozaun geht, als wäre keine Barriere vorhanden. Durch den zusätzlich gespannten Draht wird bei einem Ausbruchsversuch eher der Kontakt zur Haut hergestellt und die Anlage bekommt die gewünschte Wirkung.

Es ist sinnvoll, die Tiere vorher mit dem neuen Zauntyp vertraut zu machen, bevor man Lamas oder Alpakas auf eine „Elektroweide" lässt. Dies geschieht am besten, indem man in ihrem angestammten Gehege ein kurzes Stück des elektrischen Weidezaunes errichtet. Sollte ein Tier bei der ersten Berührung dann nicht zurückweichen, sondern gleichsam im Schock nach vorne durchgehen, bleibt es immer noch im bekannten Gehege und lässt sich daher leichter beruhigen. Wenn die Tiere die Tücken des Elektrozaunes einmal ken-

nengelernt haben, werden sie diesen respektieren, erkennen aber dennoch sehr bald, wenn einmal kein Strom im System ist.

Neben diesen näher beschriebenen Zauntypen finden noch viele andere Arten in der Neuweltkamelidenhaltung Verwendung und es können alle Möglichkeiten eingesetzt werden, die sich bei der Haltung von anderen Weidetieren bewährt haben, lediglich von Stacheldraht sei noch einmal abgeraten.

Jede Einzäunung hat Schwachpunkte, die einer mehr oder weniger intensiven Kontrolle beziehungsweise Wartung bedürfen. Obwohl Lamas und Alpakas beim normalen Weidegang nicht unbedingt nach Ausbruchsmöglichkeiten aus ihrem Gehege suchen, sind sie bei eventuell auftretenden Schwachstellen sehr wohl äußerst geschickt und bahnen sich einen Weg ins Freie. Deshalb sollte man regelmäßig die Einzäunung kontrollieren und Mängel sofort beheben. Sollten Tiere durch eine fehlerhafte Stelle im Zaun entwischt sein, so sind sie bestrebt, auch wieder an dieser Stelle ins Gehege zu gelangen, weshalb der defekte Zaun an dieser Stelle weiter geöffnet und erst nach dem Eintreiben der Tiere wieder geschlossen werden sollte.

Bei der Errichtung der Umzäunung sollte bereits die strategisch richtige Position von Türen und Durchlässen festgelegt werden, um die Herde leichter managen zu können. Ein Durchlass von einer Weide zur anderen sollte nach Möglichkeit in oder nahe der Ecke des Geheges errichtet werden, wodurch ein Aus- oder Eintreiben der Tiere wesentlich erleichtert wird. Daneben ist auch die Festigkeit der Umzäunung in diesen Bereichen meist entsprechend größer als in einem geraden Stück.

Unmittelbar vor dem Unterstand sollte eine etwas kleinere Koppel errichtet werden, von der aus die Tiere dann erst in größere Weiden gelangen. Dies bewährt sich beim Eintreiben der Tiere für notwendige Pflegemaßnahmen oder für sonstige Arbeiten mit den Lamas.

Zäune bergen ein Verletzungsrisiko

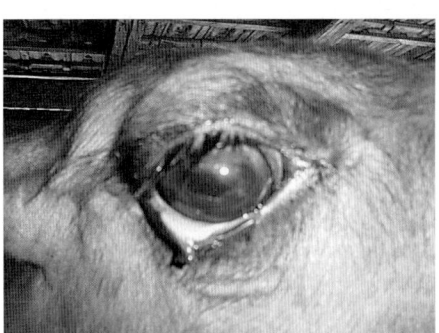

2.2.4 Haltung mit anderen Tieren

Sowohl Lamas als auch Alpakas eignen sich sehr gut zur Vergesellschaftung mit verschiedensten anderen Tierarten. Niemals bietet eine derartige Kombination jedoch einen gleichwertigen Ersatz für einen Artgenossen und daher sollte auch dabei immer von mindestens zwei Tieren jeder Art ausgegangen werden. Eine Ausnahme bildet der Einsatz eines Lamas als Wächter in einer Schafherde. Hier hat sich gezeigt, dass die Konzentration auf Eindringlinge bei Einzeltieren größer ist als bei Paar- oder Gruppenhaltung.

Als Weidegenossen für Neuweltkamele eignen sich beispielsweise Pferde, Esel, Ponys, Schafe oder Ziegen, um nur einige zu nennen. Bei Schafen und Ziegen sind wegen des möglichen Verletzungsrisikos langhornige Rassen eher zu meiden.

Den Kameliden ist vor allem bei gemeinsamer Haltung mit Pferden oder Rindern ein Rückzugsbereich einzurichten, der nur von ihnen aufgesucht werden kann. Eine Pferdebox, bei der größere Tiere durch eine in etwa ein Meter Höhe gespannte Kette am Eintreten gehindert werden, reicht vollkommen.

Durch ihre Eigenart, den Kot immer an ein und derselben Stelle abzusetzen, halten Neuweltkameliden sich ihre Weidefläche sehr sauber, was bei ihren Weidegenossen meist nicht der Fall ist. Dadurch sind sie bei gemeinsamer Haltung mit anderen Tierrassen einer erhöhten Infektionsgefahr durch Parasiten ausgesetzt, was durch kürzere Entwurmungsintervalle auszugleichen ist.

Lamas und Alpakas verstehen sich in der Regel auch sehr gut mit Hunden, lediglich Guanakos haben dabei größere Berührungsängste.

2.3 Fütterung

Neuweltkameliden werden sehr oft als einfach und problemlos zu haltende Tiere angepriesen. Häufig sind die Interessenten

> Mineralstoffe werden in Mengen- und Spurenelemente unterteilt, wobei die täglich benötigte Menge im Körper entscheidend ist. Mengenelemente sind Kalzium, Phosphor, Natrium und Magnesium. Diese sind als Baustoffe des Körpers zu bezeichnen. Spurenelemente hingegen werden in sehr geringen Mengen benötigt und sind vor allem an Stoffwechselvorgängen beteiligt

für diese Tierart mit der Haltung und Pflege von Großtieren nicht oder nur wenig vertraut. Damit passt die Anschaffung von einfachen und pflegeleichten Tieren unter anderem genau auch zu diesem Personenkreis. Neuweltkameliden haben sich in einer Region entwickelt, in der es teilweise wesentlich anderes Grundfutter für Pflanzenfresser gibt, als bei uns in Europa. An dieses Nahrungsangebot in großer Höhe hat sich der gesamte Verdauungstrakt bestens angepasst. Kleinkamele passen sich zwar sehr gut an geänderte Lebensbedingungen an, gewisse Voraussetzungen muss das angebotene Futter aber trotzdem erfüllen, um ein langfristiges Gedeihen der Tiere zu gewährleisten. Immer wieder wird kolportiert, dass bereits Stroh als Kraftfutter anzusehen ist und dann wieder gibt es Informationen, wonach Lamas und Alpakas ausreichende Kraftfuttergaben benötigen. Jedenfalls brauchen Neuweltkameliden, genauso wie andere Lebewesen auch, eine entsprechende Versorgung mit Ener-

Lama beim Wiederkäuen

gie, Mineralstoffen als Mengen- und Spurenelementen sowie Vitaminen, Salz und Wasser.

Kameliden werden oft als unechte Wiederkäuer bezeichnet. Unecht deshalb, weil sie eine andere Abstammung als die bei uns heimischen Wiederkäuer haben. Sie besitzen im Gegensatz zu den heimischen Wiederkäuern nur einen dreiteiligen Magen. Dieser spezielle Magen sollte mit der richtigen Futterzusammensetzung versorgt werden, um durch eine optimale Versorgung der mageninternen Mikroorganismen ein gutes Gedeihen der Tiere zu gewährleisten. Wiederkäuer verbringen einen Teil ihrer verfügbaren Zeit mit der Nahrungsaufnahme zu, bei Lamas und Alpakas macht das ungefähr ein Drittel des Tages aus. Der Rest ist für Ruhe und Wiederkäuen reserviert. Das bedeutet, dass auch Tiere, die intensiv zur Arbeit herangezogen werden, Pausen brauchen, um die aufgenommene Nahrung entsprechend ihrer Veranlagung zu verwerten. Alle Wiederkäuer brauchen in ihrer Nahrungszusammenstellung einen hohen Anteil an Rohfaser, was wiederum bedeutet, dass sie nicht allein mit Futtermischungen ernährt werden dürfen, die eiweißreich und rohfaserarm sind.

Im Allgemeinen nehmen die Neuweltkameliden knapp 2 % ihres Körpergewichtes an Trockensubstanz pro Tag zu sich.

Beim Fressen, sei es Grünfutter auf der Weide oder an Futterstellen verabreichtes Heu, werden in kurzer Zeit relativ große Mengen an Nahrung aufgenommen. Diese wird nur wenig zerkleinert, abgeschluckt und kommt in den ersten und zweiten Magenabschnitt. Nach dem Fressen kommt es zu einer Phase des Wiederkäuens. Dabei wird das im Vormagen befindliche und dort durch die Magensäfte bereits zu gären beginnende Futter durch eine Kontraktion wieder in die Mundhöhle hochgefördert.

Sehr gut kann man das Abschlucken und Hochrülpsen des Nahrungsbreies bei sitzenden, wiederkäuenden Tieren beobachten. Die Tiere kauen die Nahrung etwa 30- bis 45-mal, wobei der Unterkiefer eine lie-

gende Acht beschreibt. Die solcherart gut zerkleinerte und dadurch mechanisch aufbereitete Nahrung wird abgeschluckt. Danach kann man eine Kontraktion im Bauchbereich beobachten und unmittelbar danach sieht man, wie die nächste Portion an der linken Halsseite vom Magen nach oben wandert. Nur ausreichend zerkleinerte Nahrung kommt weiter in den dritten Magenabschnitt.

Da die zur Ernährung der Tiere notwendigen Stoffe im verabreichten Futter in der Regel nicht in einer direkt nutzbaren Form vorliegen, wird dieser Nahrungsbrei durch Bakterien, Mikroorganismen und Enzyme weiter aufgeschlossen und für die Nährstoffaufnahme im Darm vorbereitet. Dazu ist ein ausgewogenes Milieu im Magen-Darmtrakt erforderlich. Nur dann können diese Mikroorganismen erfolgreich leben, sich ausreichend vermehren und dadurch die Grundlage für eine Versorgung der Tiere darstellen.

Die mit dem Nahrungsbrei in den Darm gelangenden Mikroben sterben dort ab und bilden so die notwendige Nähr- und Wirkstoffquelle. Im Darm wird die chemische Verdauung intensiviert und die löslichen Nährstoffe werden durch die Darmwand aufgenommen. Schließlich wird das Wasser entzogen und die unverdaulichen Reste werden ausgeschieden.

Neuweltkameliden verwerten das aufgenommene Futter effizienter als die uns bekannten Wiederkäuer. Dies ist eine Folge ihrer Entwicklung in sehr kargen Gebieten, wo sie über lange Zeit ein nur spärliches Futterangebot vorfinden.

2.3.1 Futterzusammensetzung

Wasser ist Grundvoraussetzung für alle Stoffwechselprozesse. Der sehr unterschiedliche Wassergehalt der angebotenen Futtermittel bedingt auch unterschiedliche Mengen an aufgenommenem Trinkwasser. Dieses muss den Tieren immer in ausreichender Menge und in einwandfreier Qualität zur Verfügung stehen. Je Kilogramm verzehrter Trockensubstanz werden 3 bis

4 Liter Wasser benötigt. Das bedeutet, dass während der Weideperiode zusätzlich zum Grünfutter kaum Wasser benötigt wird. Bei ausschließlicher Fütterung mit Heu oder anderem Trockenfutter braucht ein ausgewachsenes Lama bis zu 6 Liter oder mehr. Der Wasserbedarf ist umso höher, je jünger ein Tier ist, je höher der Anteil der Futter-Trockensubstanz an Rohprotein und Mineralstoffen ist, je höher die Umgebungstemperatur und je niedriger die Luftfeuchtigkeit ist. Bei erhöhter Milchleistung während der Säugeperiode ist ebenfalls ein erhöhter Bedarf an Trinkwasser gegeben.

Der erhöhte Wasserbedarf, vor allem im Winter, bringt in Betrieben ohne Fließwasser Probleme mit sich. Bei Außentemperaturen unter dem Gefrierpunkt wird das Wasser in den Wassereimern rasch zufrieren und die Tiere können nur Wasser aufnehmen, wenn diese frisch gefüllt werden. Die Wassereimer sollten in diesem Fall an einer Stelle angebracht werden, wo die Temperaturen nicht extrem niedrig sind und sie sollten auch isoliert werden. Während dieser Kälteperiode ist es auch ratsam, das Wasser mit einer Temperatur von 15 bis 20° bereitzustellen, damit die Tiere eine längere Zeit zum Trinken haben, bevor es wieder zufriert.

Wer über genug Wasser verfügt, ist gut beraten, dieses das ganze Jahr über als frisches Fließwasser anzubieten. Es gibt auch Tränkebecken, die mit einem Heizdraht frostfrei betrieben werden können. Oft scheitert das aber an der Haltungsform, da Lamas und Alpakas häufig auf Grenzertragsflächen stehen, die nicht selten weit weg von jeder Infrastruktur sind.

Während des ganzen Jahres ist auf Sauberkeit des angebotenen Trinkwassers und der Behälter zu achten. Sehr leicht siedeln sich in Wasserbehältern Algen an, die regelmäßig entfernt werden müssen. Bei einer zu tiefen Anbringung von Wasserbehältern besteht im Sommer außerdem die Gefahr, dass die Tiere zur Abkühlung in die Behälter steigen und das Wasser damit verunreinigen. Eine Absperrung in entsprechender Entfernung und Höhe schafft eine Barriere, ermöglicht den Tieren durch ihren langen Hals das Erreichen des Wassers. Der Trinkwasserbehälter sollte nicht in unmittelbarer Nähe des Futtertroges ange-

Lamas brauchen öfter Wasser als Großkamele

bracht werden, da sonst das Wasser mit Futterresten stark verunreinigt wird.

Eiweiß ist in den Grundfutterarten in unterschiedlicher Qualität und Quantität vorhanden. Da dieser essenzielle Baustein der Nahrungsversorgung im Körper nur sehr bedingt gespeichert wird, ist eine regelmäßige und bedarfsgerechte Versorgung in Menge und Qualität für einen guten Ernährungszustand unabdingbar. Mindestens 8 bis 10 % des aufgenommenen Futters sollten Eiweiß sein. Trächtige und/ oder laktierende Stuten haben einen ebenso erhöhten Bedarf wie Tiere während des Wachstums oder solche, die außerordentliche Leistungen erbringen müssen. Diese Tiere vertragen einen Anteil von 14 bis 16 % Eiweiß im Grundfutter.

Übermäßiger Konsum ist gleich schlecht wie eine Unterversorgung und kann zu Problemen mit der Fruchtbarkeit, in der letzten Phase einer Trächtigkeit oder bei der Geburt führen. Fehlende Milchproduktion tritt ebenfalls oft bei übergewichtigen Tieren auf. Übergewicht bedeutet für die betroffenen Tiere auch erhöhte Belastung während der wärmeren Jahreszeit.

Ein Zuviel an Eiweiß wird von Tieren mit ordentlich funktionierenden Ausscheidungs- und Filterorganen (Leber, Nieren) normalerweise reguliert, kann aber in Einzelfällen, neben den bereits erwähnten Problemen, zu starken gesundheitlichen Beeinträchtigungen führen. Eine Überversorgung mit bestimmten Eiweißtypen kann sich zum Beispiel in Form von Gelenksschmerzen zeigen. Dabei zeigen die betroffenen Tiere dann innerhalb von wenigen Tagen immer an anderen Beinen Schmerzen.

Als wichtigste Energielieferanten gelten die in den Futtermitteln enthaltenen **Kohlenhydrate**. Dabei wird zwischen Zucker, Stärke und Zellulose unterschieden. Ein Zuviel an Kohlenhydraten führt zu Fettansatz und sollte deshalb vermieden werden. Während Zucker und Stärke sehr leicht beziehungsweise leicht verdaulich sind, wird Zellulose speziell von Wiederkäuern durch ihre mikrobiologische Verwertung effizient aufgeschlossen.

Gelegentlich trockenes Brot schadet sicher nicht, es sollte aber nicht zur Gewohnheit werden, den Tieren ständig Brot zu füttern. Bei sehr mageren Tieren bringt trockenes Brot in kurzer Zeit viel Energie in den Körper und kann in solchen Fällen mit Maß und Ziel verabreicht werden. Vorsicht ist hier bei Gehegen geboten, die an öffentliches Gelände angrenzen oder von vielen Schaulustigen besucht werden, da diese sehr gerne frisches und manchmal auch nicht ganz einwandfreies Brot an die Tiere verfüttern. Bei dieser Fütterung durch Besucher besteht auch große Gefahr, dass Nahrungsreste verfüttert werden, die den Lamas und Alpakas nicht gut tun.

Ausreichende Versorgung mit **Rohfaser** ist besonders wichtig, da dadurch nicht nur die Aktivität der Vormägen angeregt wird, sondern durch das zur Aufschließung notwendige Wiederkäuen auch die Speichelsekretion stimuliert wird.

Der minimale Anteil an Rohfaser im Grundfutter beträgt bei Neuweltkameliden idealerweise etwa 30 % der Futtertrockensubstanz, während für Rinder bereits 20 % ausreichend sind. Bei den Pflanzen nimmt der Gehalt an Rohfaser mit fortschreitender Vegetation zu, weshalb während der frühen Weidesaison unbedingt Rohfaser in Form von Heu oder Stroh zugefüttert werden muss. Ein zu geringer Anteil an Rohfaser bringt schnell das Säureniveau im Vormagen aus dem Gleichgewicht und führt zu einer Übersäuerung und damit zu einer Gefährdung der Mikroorganismen in den Mägen. Bei Zufütterung von Kraftfutter in Form von Getreidemischungen muss man vorsichtig sein, um durch den sehr geringen Anteil an Rohfaser nicht eine Entgleisung der mikrobiellen Harmonie im Magen hervorzurufen.

Besser als eine Zufütterung von Getreidemischungen ist es, den Tieren Silage anzubieten. Diese hat einen hohen Anteil an Rohfaser (25 bis 35 %) bei gleichzeitig hohem Gehalt an Eiweiß (10 bis 20 %).

Vorsicht ist allerdings bei der Futterumstellung geboten: Die Tiere müssen sehr langsam an die Aufnahme von Silage ge-

---

Mikroorganismen = mikroskopisch kleine, einzellige pflanzliche oder tierische Organismen (z. B. Bakterien)

Im Allgemeinen wird unter Kohlenhydraten Zucker verstanden. Kohlenhydrate stellen zusammen mit den Fetten und Proteinen den quantitativ größten verwertbaren (u. a. Stärke) und nicht-verwertbaren (Ballaststoffe) Anteil an der Nahrung.

Tab. 2. Vitamine – ihre Wirkung und ihr Vorkommen.

Vitamin	Funktion	Vorkommen
A	Wachstumsförderung, Fruchtbarkeit, Milchleistung, Abwehrfunktionen, Zahnbildung	als Provitamin (Karotin) in allen grünen Pflanzenteilen und gutem Heu
B-Komplex	Eiweißaufbau, Stoffwechsel, Wachstum, Nervenfunktion, Hormonfunktionen	Wiederkäuer erhalten über die Mikroorganismen in den Vormägen reichlich Vitamine des B-Komplexes
C	Abwehr von Infektionen	in grünen Pflanzenteilen, Karotten
D	Mineralstoffwechsel, Knochenbildung, Leistungsbildung	sonnengetrocknetes Heu, als Provitamin in vielen Pflanzen, wird bei Sonnenbestrahlung der Haut aktiviert
E	Stoffwechsel, Fruchtbarkeit, Muskeltätigkeit	in jungem Grünfutter und gutem Heu
K	Blutgerinnung, Immunkraft	ausreichend im Futter

wöhnt werden, da sonst eine rasche Entgleisung des Verdauungstraktes droht, die bis zum plötzlichen Tod führen kann!

Fette und Öle sind im Allgemeinen schwer verdauliche Bestandteile, die in einem gewissen Mindestmaß notwendig, aber in der Grundration ausreichend vorhanden sind.

Vitamine sind lebensnotwendige Bausteine und müssen den Tieren entweder rein oder in ihren Vorstufen regelmäßig zugeführt werden. Genauso wie eine Unterversorgung, kann auch eine zu üppige Versorgung zu Stoffwechselstörungen führen.

Die Tabelle 2 gibt eine Übersicht über die wichtigsten Vitamine, deren im Körper zu erfüllenden Aufgaben und das Vorkommen.

Mineralstoffe werden in Mengen- und Spurenelemente eingeteilt. Die ersteren sind in relativ großen Mengen notwendig, letztere haben in erster Linie Wirkstoffcharakter und können bei höherer Dosierung giftig für die Tiere sein. Sie haben keinen Energiewert, sind aber als Nähr- und Wirkstoffe bei der Haltung von Haustieren von größter Bedeutung. Um einen Bestand gesund, fruchtbar und leistungsfähig zu erhalten, sind zusätzlich zu den mit dem Wirtschaftsfutter verabreichten Mineralstoffen noch Ergänzungen notwendig. Lamas und Alpakas, die das ganze Jahr über Zugang zu Weideflächen haben, wo Sträucher und Bäume vorkommen, nehmen vor allem im Herbst und im beginnenden Winter sehr gerne Laub auf. Gerade Laub wird in der biologischen Wirtschaftsweise oft als natürliche Versorgung mit Mineralstoffen und Spurenelementen eingesetzt. Dabei haben die Blätter von verschiedenen Bäumen einen sehr unterschiedlichen Gehalt an den verschiedenen Elementen.

Eine ständige Minimalversorgung führt zum Abbau von körpereigenen Reserven, was langfristig Mangelerscheinungen zur Folge hat. Zur optimalen Versorgung ist es notwendig, Mineralstoffmischungen anzubieten, die das regionsspezifische Vorkommen in den Futtermitteln ausgleichen beziehungsweise ergänzen. Nicht allein die absolute Menge von angebotenen Mineralstoffen ist ausschlaggebend, sondern auch das Verhältnis einiger Stoffe zueinander, z. B. Ca : P (etwa 1,5 bis 2 : 1). Bei handelsüblichen Mineralstoffmischungen für Wiederkäuer achten Sie neben dem richtigen Verhältnis von Kalzium zu Phosphor insbesondere auch auf den Gehalt an Kupfer, Selen und Zink. Kupfermangel kann sich unter anderem in einem Mangel an weißen Blutkörperchen, unschönem Haarkleid oder geringem Wachstum zeigen. Ein zu hoher Anteil an Kupfer in der Mineralstoffmischung kann für Neuweltkameliden tödlich sein und muss unbedingt vermieden werden. Selen ist in richtigem Maß für die Entwicklung des Ungeborenen während der Trächtigkeit sowie für die Vitalität des Neugeborenen ausschlaggebend und steht in seiner Wirkungsweise in engem Zusammenhang mit Vitamin E. In vielen Gebieten Europas herrscht Selenmangel, eine der Region angepasste Versorgung mit Selen ist daher sicherzustellen. Eine richtige Versorgung mit Zink beugt unter anderem Hautirritationen vor, sorgt für ausreichende Wundheilung und stärkt das Immunsystem. Dabei muss Zink eiweißgebunden angeboten werden, um nicht bereits im Magen abgebaut zu werden. Mineralstoffmischungen in einem ausgewogenen Verhältnis können zur freien Aufnahme angeboten werden. Die Tiere werden ihren Bedarf durch unterschiedlich hohe Aufnahme decken.

2.3.2 Grundfutterarten

Was frisst ein Lama, wie soll eine ausgewogene Futterration aussehen, wie viel Heu brauchen die Tiere?

Als Llamero (Lamaführer bzw. -halter) wird man von einem Neuling oft mit dieser oder ähnlichen Fragen konfrontiert. Man kann ruhigen Gewissens sagen, dass ein Lama sowohl bei der Qualität als auch bei der Quantität ungefähr mit einem großen Schaf zu vergleichen ist. Durch die Entwicklung dieser Tiergattung in äußerst kargen Gebieten ist deren Verdauungssystem auf eine größtmögliche Ausnutzung des aufgenommenen Futters ausgelegt. Eine tägliche Trockenmasseaufnahme von etwa 1,5 bis 2 % ihres Körpergewichtes reicht den Neuweltkamelen zur Deckung des Erhaltungsbedarfes aus.

Lamas und Alpakas sind in erster Linie Weidetiere und so während einer relativ langen Periode auf das **Grünfutter** angewiesen, das sie auf der Weide aufnehmen können. Dieses ist mehr oder weniger saftig, leicht verdaulich und enthält neben ausreichend Rohfaser genug Eiweiß sowie die notwendigen Mengen- und Spurenelemente und Vitamine. Der Nährwert hängt von der Bodenbeschaffenheit, dem in der Region herrschenden Klima, dem Pflanzenbestand sowie der Versorgung mit Düngemittel ab. Mit zunehmendem Alter der Pflanzen steigt deren Gehalt an Rohfaser, was dem Verdauungsapparat der Neuweltkameliden eher gerecht wird, als der ganz frische Nachwuchs oder der erste Aufwuchs im Frühjahr.

Da Lamas und Alpakas vorwiegend auf sogenannten Grenzertragsflächen extensiv gehalten werden, ist die Gefahr eines Eiweißüberschusses auch auf jungen Weiden selten gegeben, trotzdem sollten sie das ganze Jahr über freien Zugang zu Heu oder Futterstroh haben. Im Frühjahr sollten die ersten Weidegänge wegen der Gefahr von Koliken erst nachmittags erfolgen, wenn durch die vorherige Aufnahme von Trockenfutter ein gewisser Sättigungsgrad erreicht ist.

Heu sollte den Tieren das ganze Jahr über zur Verfügung stehen, wobei die Qualität auch den jahreszeitlich bedingten Ansprüchen angepasst sein sollte. So kann man während der Weideperiode durchaus gröberes und damit rohfaserreicheres Heu von einem späten ersten Schnitt als Beifutter anbieten.

Lamas und Alpakas wissen sehr wohl was sie brauchen und gehen nach einem Weidegang, wo sie junges, leicht verdauliches Grünfutter aufgenommen haben gerne zum Futtertrog, wo sie ihren Bedarf an Rohfaser abdecken. Auch auf der Weide selbst selektieren sie gerne und holen sich nicht nur das feinste Gras, sondern fressen genauso auch an bereits verblühten, trockenen Halmen.

Die Heuqualität hat direkten Einfluss auf den Ernährungszustand der Tiere und sollte den Leistungserfordernissen angepasst sein. Erwachsene Tiere, die weder zur Zucht eingesetzt werden, noch andere körperliche Leistungen erbringen müssen, haben den geringsten Energiebedarf. Hochträchtige und/oder laktierende Stuten brauchen genauso wie Jungtiere eine erhöhte Energiezufuhr.

Tab. 3. Futteranalyse für Heu vom 1. Schnitt

Futtermittellabor Rosenau
der Nö - Landes-
Landwirtschaftskammer
3252 Petzenkirchen
Tel: 07416/52494

Probennummer **1999 02 0376**
Futterart: **Wiederkäuerfutter**
Datum: **09.Mar.1999**

UNTERSUCHUNGS-
BEFUND

Herr
RAPPERSBERGER Gerhard

Diesendorf 28
3243 St.Leonhard

Bezeichnung der Probe
Heu 1. Schnitt

Untersuchungsgebühr: öS
830,--

ANALYSENWERTE

Nährstoffe: (g/kg)		FM	TM
Trockenmasse	**TM**	910	1000
Rohprotein	**RP**	77	85
Nutzbares Rohprotein a. D.	**nXP**	97	107
Unabgebautes RP	**UDP**	19	21
N-Bilanz im Pansen	**RNB**	-3,3	-3,6
Rohfett *	**RFE**	19	21
Rohfaser	**RFA**	312	343
N-freie Extraktstoffe	**NFE**	430	473
Rohasche	**RA**	72	79
Verd. d.org. Masse, %	**dOM**	60,8	
Umsetzbare Energie, MJ	**ME**	7,59	8,34
Nettoenergie, MJ	**NEL**	4,36	4,79

Mengenelemente: (g/kg)		FM	TM
Calcium	**Ca**	5,4	5,9
Phosphor	**P**	2,5	2,7
Magnesium	**Mg**	1,3	1,4
Kalium	**K**	22,0	24,2
Natrium	**Na**	0,38	0,42
Verhältnis		Ca : P = 2,2 : 1	
Verhältnis		K : Na = 57,9 : 1	

Spurenelemente: (mg/kg)		FM	TM
Eisen	**Fe**	113,0	124,2
Kupfer	**Cu**	5,0	5,5
Zink	**Zn**	25,0	27,5
Mangan	**Mn**	108,0	118,7

FM = FRISCHMASSE = WERTE JE KG FRISCHFUTTER
TM = TROCKENMASSE
    = WERTE FÜR DEN VERGLEICH VON FUTTERMITTELN
- = WERT WURDE NICHT UNTERSUCHT
* = **Rohfett bei Mischfutter mit Säureaufschluß**

Futterbewertung in Zusammenarbeit mit Dr. L. Gruber, Dr. A. Steinwidder und Ing. Th. Guggenberger
BAL Gumpenstein, Institut für Viehwirtschaft, 8952 Irdning

Bei Anfrage:
NÖ. Landes-Landwirtschaftskammer
Abteilung Tierproduktion
Löwelstraße 16   1014 Wien
Telefon: 0222 / 53 441 - 754

Programmierung, Datenfluß und Design: Ing. Th.Guggenberger 1997

Für die Richtigkeit der Angaben

Dipl. Ing. Günther Wiedner

Der erste Schnitt, der erst in der Blüte erfolgt, enthält in der Regel mehr Rohfaser und etwas weniger Eiweiß als der zweite und dritte Schnitt, ist aber für die Grundversorgung von Neuweltkameliden bestens geeignet. Lediglich bei höherem Energiebedarf, was auch in der sehr kalten Jahreszeit der Fall ist, sollte man den zweiten und dritten Schnitt verfüttern.

Luzerneheu hat einen sehr hohen Eiweißanteil, oft doppelt so hoch als Wiesenheu, und sollte nicht über längere Zeit als Alleinfuttermittel verwendet werden.

Die richtige Lagerung von Heu ist einfach, jedoch von großer Bedeutung. Vor der Lagerung sollte das Heu gut getrocknet sein, besonders wenn es gepresst wird. Die Lagerung erfolgt auf einem Holzrost oder -boden, für ausreichende Belüftung ist zu sorgen. Das gelagerte Heu ist vor zu starker Sonnenbestrahlung zu schützen, da dadurch wertvolle Substanzen zerstört werden. Eine zu lange Lagerung vermindert ebenfalls die Qualität und ist daher zu vermeiden. Eingebrachtes Heu muss nach der Ernte mindestens zwei Wochen gelagert werden, bevor es den Tieren verabreicht wird. Wird es zu früh verfüttert, kann es leicht zu Vergiftungen mit Todesfolge kommen.

Das Heu wird nicht, wie bei Schafen oder Pferden üblich, in Futterkrippen verabreicht, sondern möglichst in Bodennähe angeboten. Diese Methode kommt dem Wesen des Weidetieres am ehesten entgegen und schont so den gesamten Stützapparat. Daneben wird bei der Heugabe in einem am Boden befindlichen Futtertrog oder -barren auch der Verschwendung entsprechend vorgebeugt. Bei Fütterung über höher angebrachte Heuraufen fällt immer ein nicht unwesentlicher Teil zu Boden und wird dort verschmutzt. Durch einen Futtertrog unmittelbar unter der Heuraufe kann dieses verhindert werden, immer bleibt aber noch die unnatürliche Haltung bei der Futteraufnahme. Daneben kommt es bei Verwendung von Futterraufen durch herabfallendes Heu ständig zur Verschmutzung von Tieren im Nackenbereich. Einige

fressen dabei aus der Raufe und streuen Reste auf die daneben unter der Raufe fressenden Tiere. Diese Verschmutzung, die bei einer geplanten Verwertung der Wolle sehr unangenehm ist, bleibt bei der oben erwähnten Methode fast gänzlich aus.

Einmal wöchentlich sollte der Futtertrog von allen mit dem Heu eingebrachten Verunreinigungen gesäubert werden. Vor dieser Arbeit gibt man den Tieren weniger Heu und lässt sie auch die groben Teile auffressen.

Der Trog muss so hoch sein, dass die Tiere nicht hineinsteigen können, 50 cm sind dazu ausreichend. Für jedes Tier im Unterstand sollte eine Breite von ungefähr 50 cm am Trog zur Verfügung stehen, um allen Tieren der Gruppe ein gleichzeitiges Fressen zu ermöglichen. An der Wand über dem Trog bewährt sich die Anbringung eines kleineren Futtertroges für die Verabreichung von eventuellen Kraftfuttergaben. Die Montage einer Dachrinne ist eine sehr leicht zu installierende, billige und saubere Lösung.

Grassilage wird auch von Neuweltkameliden gerne angenommen und kommt ihrem Wiederkäuermagen sehr gelegen, die damit verbundene Aufnahme von mehr Flüssigkeit wirkt sich ebenfalls positiv aus. Lediglich beim Übergang von Gras oder Heu auf Gärfutter ist eine gewisse Gewöhnungsphase einzuplanen. Dieser Übergang ist kontinuierlich zu gestalten, da die Magenflora und -fauna eine gewisse Zeit zur Umstellung auf die geänderten Verhältnisse braucht. Unbedingt ist dabei auf beste Qualität der Silage zu achten, da schlecht vergorene oder mit Silierhilfen versehene Silagen zu Störungen in den Vormägen führen können. Weiterhin ist zu beachten, dass durch die geringe Futteraufnahme bei Neuweltkameliden eine größere Anzahl Tiere im Betrieb sein muss, um die Entnahme entsprechend großer Futtermengen zu garantieren. Die heute üblichen Siloballen sollten auch bei kalten Temperaturen innerhalb von maximal zehn Tagen verfüttert sein, was bei etwa 700 kg pro Ballen erst mit ungefähr 20 bis 30 Tieren gewährleistet ist. Maissilage weist zwar einen passenden Raufaseranteil auf, sollte aber wegen des zu hohen Proteingehaltes nicht als Alleinfuttermittel eingesetzt werden. Als Zusatzfutter in Perioden höheren Energiebedarfes oder für Tiere mit Zahnproblemen ist es durchaus angebracht, einen Großteil der Energiezufuhr über Silage sicherzustellen. Immer sollte aber gutes Heu zur freien Aufnahme zur Verfügung stehen.

2.3.3 Zusatzfutter – Futterzusätze

Die wesentlichen Ansprüche von Neuweltkameliden an das Grundfutter wurden bereits beschrieben. Dabei ging es um das Erhaltungsfutter für Tiere, die keine besonderen Leistungen erbringen müssen. Gerade in Perioden höheren Energiebedarfes der Tiere ist die Verabreichung von Ergänzungsfutter in bedarfsorientierten Mengen ein entscheidender Erfolgsfaktor. War vor einigen Jahren in der europäischen Lamahaltung noch jede Zugabe von Kraftfutter verpönt, so verwendet heute fast jeder Züchter Zusatzfutter in irgendeiner Form.

Dazu eignen sich Fertigfuttermittel, die auch Schafen oder Rindern verabreicht werden. Vorsicht ist bei der Verfütterung von neuerdings verstärkt auf dem Markt angebotenem Pferdemüsli als Ergänzungsfutter geboten. Diese haben meist einen zu hohen Energieanteil bei zu geringem Rohfasergehalt. Zudem ist nicht allein der Gehalt an Rohfaser ausschlaggebend, sondern auch die Faserlänge. Diese sollte in einem wesentlichen Anteil am Grundfutter etwa vier Zentimeter betragen, was bei Mischfutter nie erreicht wird. Die Bereitschaft der Tiere, Kraftfutter gerne aufzunehmen, sagt noch lange nichts über dessen Eignung als Grundfutter aus. Immerhin handelt es sich bei Neuweltkameliden um Wesen, die eine Lebenserwartung von 25 Jahren und mehr haben. Dieses Alter können aber nur gesunde Tiere erreichen, die ständig mit Futter versorgt werden, das

Lamas am Futtertrog, im Vordergrund Mineralstoff- und Salzlecke

ihrem Verdauungssystem entspricht. Einige Betriebe stellen Mischungen her, die den speziellen Anforderungen der Neuweltkameliden ganz gut entsprechen.

Bei der Verwendung von Kraftfutter sollte man aber trotzdem eher sparsam umgehen, da darin zuwenig Rohfaser und zuviel Energie enthalten ist. Bei der Fütterung ist ferner zu beachten, dass nicht immer nur wenige Tiere, die in der Rangordnung ganz oben stehen, das gesamte Kraftfutter fressen und diejenigen, die es vielleicht notwendiger brauchen, nichts davon bekommen. Daher empfiehlt es sich, während der Gabe von Fertigfutter die Gruppe zu teilen. Die Verabreichung von Kraftfutter provoziert auch das Spucken innerhalb der Herde und sollte erst nach einem bestimmten Sättigungsgrad der Tiere erfolgen. Niemals dürfen Kraftfutter oder Trockenrübenschnitzel in einem Raum gelagert werden, zu dem die Lamas Zugang haben oder sich diesen verschaffen könnten. Durch ihre Neugierde stöbern sie alles Verwertbare auf und könnten so leicht das Gleichgewicht in ihrem Magen gefährden. Bei trockenen Rübenschnitzeln kommt es zu mas-

diglich die meist ungenügende oder nicht ausgewogene Konzentration von diesen Elementen im Grundfutter muss durch Zusätze ausgeglichen werden. Ein kleinerer Trog oder eine Futterschale in ungefähr einem Meter über dem Boden (bei Alpakas etwas tiefer) angebracht, ist ideal und bietet den Tieren ständig die Möglichkeit, nach Bedarf Mineralstoffe aufzunehmen.

Salz sollte den Tieren immer zur Verfügung stehen, am besten wird es in der Nähe der Wasserstelle montiert. Üblicherweise verwendet man einen mineralisierten Salzleckstein, der bei regionaler Unterversorgung auch Selen enthalten sollte. Im Unterschied zu Schafen vertragen und brauchen Lamas und Alpakas auch etwas Kupfer, sei es in ihrem Leckstein oder in einer nicht rationiert angebotenen Mineralstoffmischung. Für die Haut und vor allem für ein gesundes Wollvlies ist dieses Spurenelement von großer Bedeutung.

Mineralstoffe gleichen Mängel im Futter aus

siven Quellungen, was bei Aufnahme größerer Mengen tödlich sein kann.

Rübenschnitzel sollten nur gut gequollen und wegen des erhöhten Zuckergehaltes nur in kleineren Mengen verfüttert werden, eignen sich aber gut zum Einmischen von gequetschtem Getreide oder Entwurmungsmitteln in Pulverform.

Beschäftigungsfutter ist wichtig!

Mineralstoffe als Mengen- oder Spurenelemente werden in einer gewissen Menge mit dem Grundfutter aufgenommen. Le-

Sogenanntes **Beschäftigungsfutter** bilden Äste von Obst- oder Nadelbäumen, bei letzteren ist ein Überangebot wegen des hohen Harzgehaltes zu vermeiden. Alpa-

Laub- oder Nadelholz als Beschäftigungsfutter

kas und Lamas nagen gerne. Vor allem in den Wintermonaten, wenn das verabreichte Futter relativ mühelos aufgenommen werden kann, trägt diese Beschäftigung auch zu einer Abnützung der ständig nachwachsenden Schneidezähne bei. Daneben werden damit Substanzen aufgenommen, die durch das Trockenfutter über eine längere Periode nicht zugeführt werden können.

Kiefern bzw. Pinien sollten dazu nicht verwendet werden und natürlich ist auch die hochgiftige Eibe von allen Gehegen und Gehegegrenzen fernzuhalten. Wird ein Obstgarten als Weideland genutzt, sollten die Obstbäume entsprechend großräumig ausgegrenzt werden. Nicht nur ein Zuviel an teilweise unreifem Obst ist ungesund, es besteht auch die Gefahr des Verschluckens bei der allzu hastigen Aufnahme von kleinen Obstfrüchten oder -stücken. Tiere, die regelmäßig viel Obst aufnehmen, leiden durch den hohen Zuckergehalt an einer ständigen Magenübersäuerung, was im Extremfall zu einem völligen Stillstand der Magentätigkeit führen kann.

Küchenabfälle sollten keinen regelmäßigen Bestandteil des Lamafutters ausmachen. Gegen die maßvolle Verfütterung von geschnittenen Äpfeln oder Karotten beziehungsweise getrocknetem Brot ist nichts einzuwenden. Gerade während der Winterfütterung tragen Karotten unter anderem zu einer gesunden Haut bei.

2.3.4 Ernährungszustand

Im vorhergehenden Kapitel wurde erläutert, was Alpakas oder Lamas alles fressen. Aber wie kann man kontrollieren, ob die Tiere auch in einem guten Ernährungszustand sind, ob diese auf „Diät" gesetzt werden sollen oder ob vielleicht etwas mehr Energie zugeführt werden muss?

Durch die meist sehr starke Bewollung ist es schwierig, festzustellen, wie der Ernährungsgrad eines Tieres gerade ist. Dazu muss man schon Hand anlegen und dies sollte mehr oder minder regelmäßig getan

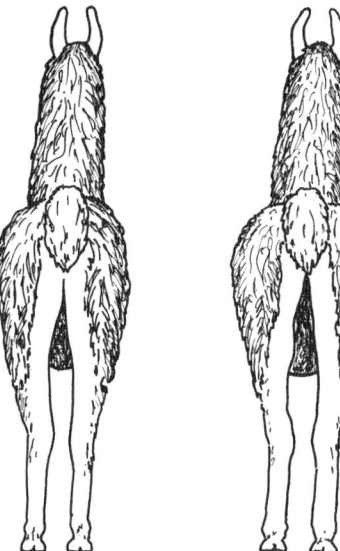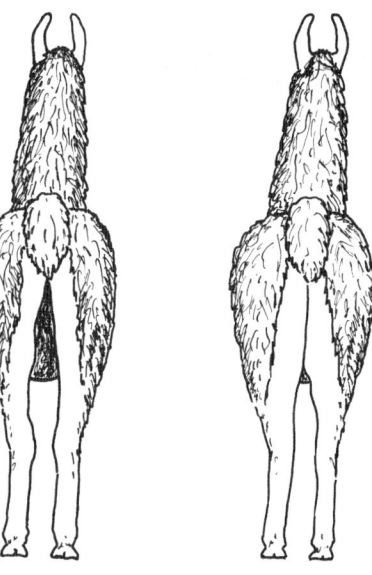

Ernährungszustand
links: ideal;
mitte: zu mager;
rechts: zu fett

werden, da es durch Probleme im Magen-Darmtrakt sehr rasch zu Abmagerungen kommen kann. Trächtige und laktierende Stuten sollten entsprechende Reserven haben, um genug Leistung für die Bildung der Embryos und die Versorgung der Fohlen zur Verfügung zu haben.

Andererseits sind viele Probleme, besonders bei mangelndem Zuchterfolg, mit zu gut genährten Tieren in Verbindung zu bringen. Erwähnt seien hier Probleme bei der Geburt, schlechte oder gar keine Milchleistung oder sogar häufige Aborte in der letzten Phase der Trächtigkeit. Übergewichtige Stuten zeigen auch oft Probleme mit der Fruchtbarkeit selbst.

Zur Kontrolle des Ernährungszustandes greift man beim Lama oder Alpaka am Rücken, im Bereich der unteren Brustwirbelsäule und fühlt, ob das Rückgrat spürbar ist. Vom vertikalen Wirbelfortsatz zu den horizontalen Rippenbögen sollte keine Wölbung nach außen fühlbar sein, aber auch keine Senke. Greift man weiter nach hinten zu den Beckenknochen im Bereich des Rückgrates, sollten diese nicht sehr herausragen, aber dennoch spürbar sein.

Bei einem normalgewichtigen Lama sollte man auch die Rippen im Bereich hinter dem Ellbogen spüren können.

Als Rangordnung
bezeichnet man in
der Verhaltensbiolo-
gie eine Hierarchie,
durch die bestimm-
te „Rechte" und
„Pflichten" inner-
halb einer sozialen
Gruppe geregelt und
für eine längere
Zeitspanne festge-
legt sind

Von hinten betrachtet sollten die Oberschenkel nicht aneinander reiben, aber
dennoch fest sein.

Von vorne betrachtet sollte der Beinab-
schluss ebenfalls nicht zu fett wirken, aber
gut bemuskelt sein.

Für einen Neuling sind die optischen
Eindrücke vielleicht nicht so eindeutig zu
unterscheiden wie das Fühlen der Kno-
chenpartien am Rücken, weshalb ein regel-
mäßiger Griff auf den Rücken eine beglei-
tende Kontrolle darstellt.

Wichtig ist dabei wirklich, dass man sich
nicht auf das Ansehen eines Tieres von der
Seite beschränkt, da auch extrem abge-
magerte Tiere durch starke Bewollung einen durchaus normalen Eindruck erwecken können.

Bei einem unterernährten oder abgema-
gerten Tier sollte der Grund dafür natürlich
schnellstens gesucht und beseitigt werden.
Danach muss durch entsprechende Aufwer-
tung der Futterration für eine rasche Regulierung des Ernährungszustandes gesorgt
werden. Oft ist es notwendig, dieses Tier gesondert von den übrigen mit entsprechendem Kraftfutter und vielleicht unterge-
mischten Vitaminpräparaten zu versorgen.

Bei übergewichtigen Tieren kann durch
Aussperren bei der Kraftfuttergabe und Reduktion der Energie- und Eiweißzufuhr
eine Normalisierung erreicht werden. Auch
vermehrte Bewegung trägt zur Reduktion
des Übergewichtes bei. Zu fette Tiere haben neben den Problemen bei Fortpflan-
zung und Trächtigkeit auch größere
Schwierigkeiten bei hohen Temperaturen,
ferner sind diese anfälliger für Herz- und
Kreislaufschwächen.

Noch ein Tipp für die Aufzucht und Fütterung von Fohlen: Da Alpaka- und Lama-
fohlen bereits einige Tage nach ihrer Geburt anfangen, festes Futter aufzunehmen,
ist es vorteilhaft, für diese Tiere eine eigene Futterstelle einzurichten, zu der erwachsene Tiere keinen Zugang haben. Allerdings sollte der Sichtkontakt zur übrigen
Gruppe gewährleistet sein.

Dies geschieht durch einen verstellbaren
Einlass in diesen Bereich, der der jewei-

ligen Größe der Jungtiere angepasst werden kann. Oft muss auch knapp über dem
Boden eine Sperre angebracht werden, um
ein Durchrobben der erwachsenen Tiere zu
verhindern. Die kleinen steigen über dieses
Hindernis hinweg.

Da die Fohlen den Weg zu dieser Futterkrippe nicht suchen werden, ist es ratsam,
diese anfangs dorthin zu bringen. Der Weg
aus der Krippe ist einfacher und wenn sie
einmal wissen, was es dort gibt, werden sie
auch wieder hinfinden. In dieser Futterkrippe kann man den jüngsten Tieren besonders feines Heu anbieten. Durch die Rangordnung innerhalb der Herde ist es gerade
diesen jungen Tieren oft nicht erlaubt, am
gemeinsamen Futtertrog zum qualitativ
hochwertigen Futter zu kommen.

Einige augenscheinliche Probleme, die
von einer Nährstoffunterversorgung herrühren, sollten auch noch erwähnt werden.

Wichtig dabei ist, diese körperbaulichen
Mängel nicht mit genetisch bedingten zu
verwechseln. Um die Ursache für körper-
bauliche Missstände dem genetischen Bereich zuordnen zu können, ist es notwendig, einige Generationen der Vorfahren zu
qualifizieren, da diese Mängel oft eine oder
sogar mehrere Generationen überspringen
können. Eine Analyse der Futterqualität
gibt Aufschluss über eine mögliche Unterversorgung mit Vitaminen oder Mineralstoffen.

Fehlstellungen an den Gliedmaßen sind
sehr oft genetisch bedingt, also vererbt,
können allerdings auch durch falsche Dosierung von Phosphor, Kalzium, Magnesium, Kupfer, Zink, Vitamin A oder D verursacht sein. Auch Eiweißmangel kann zu
Verformungen der Knochen führen.

Fohlen haben in den ersten Lebenstagen
oder -wochen oft leicht krumme Beine. Die
Knorpel und Bänder müssen sich erst festigen und nach einigen Wochen gibt sich
das meist. Die orale Verabreichung von geringen Mengen an Vitamin D in flüssiger
Form, wie dies bei Neugeborenen unserer
Spezies häufig getan wird, schadet jedenfalls auch hier nicht.

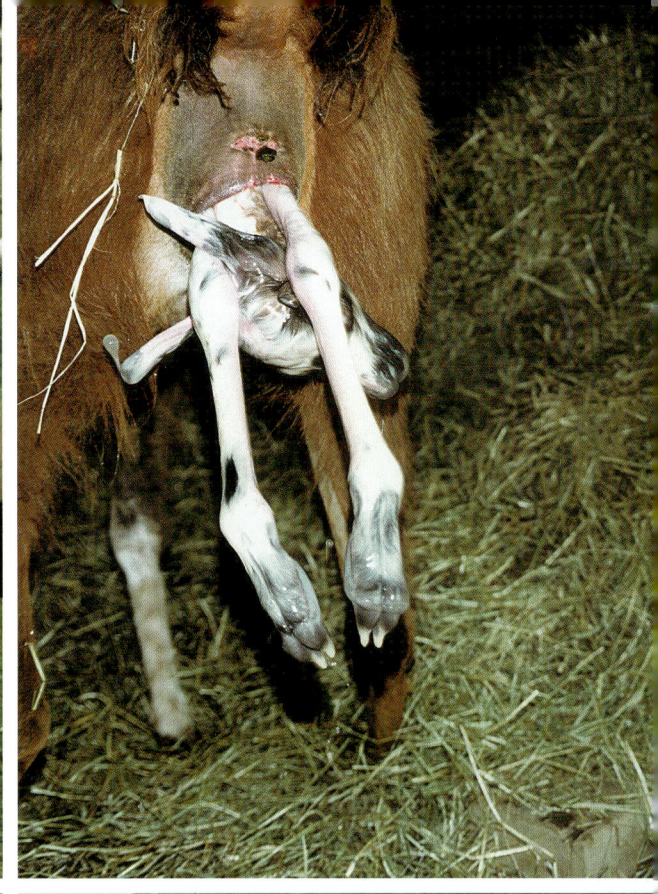
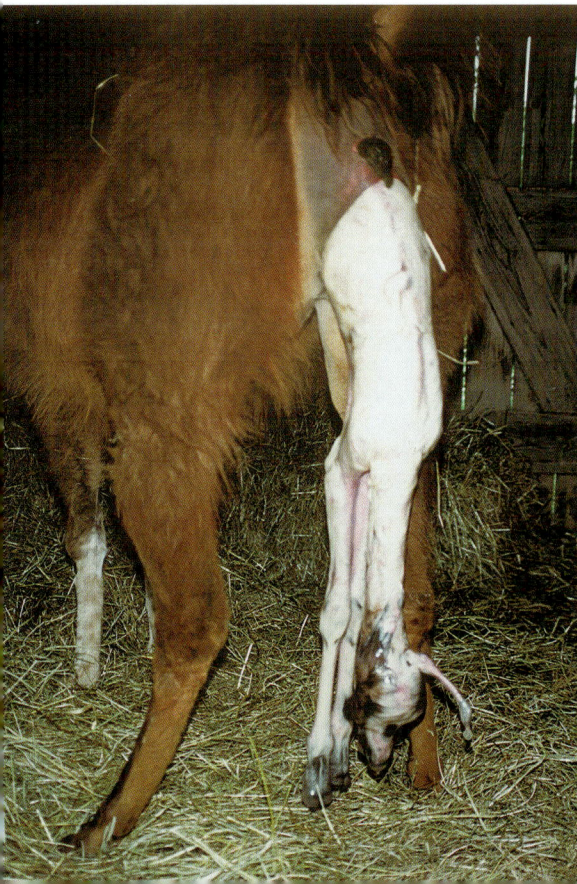

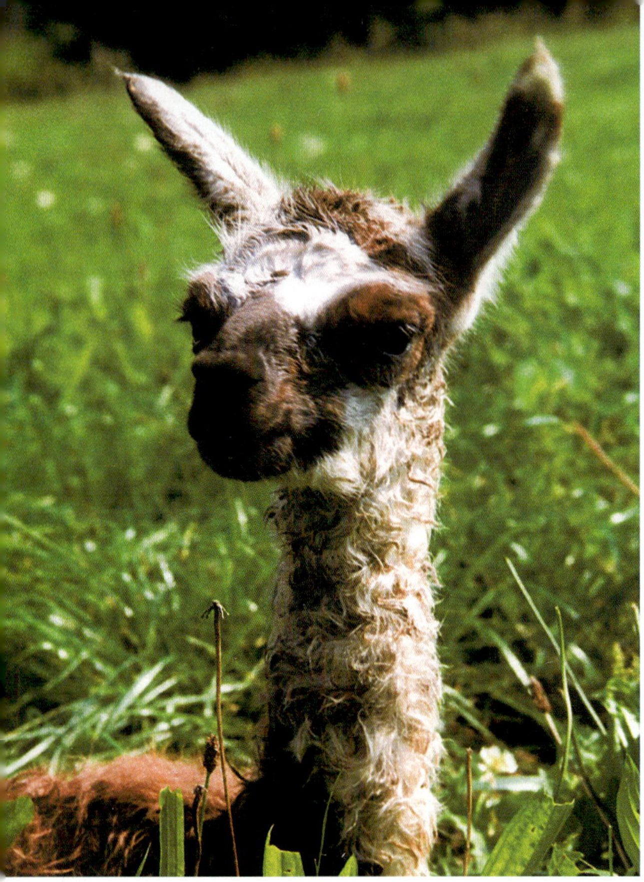
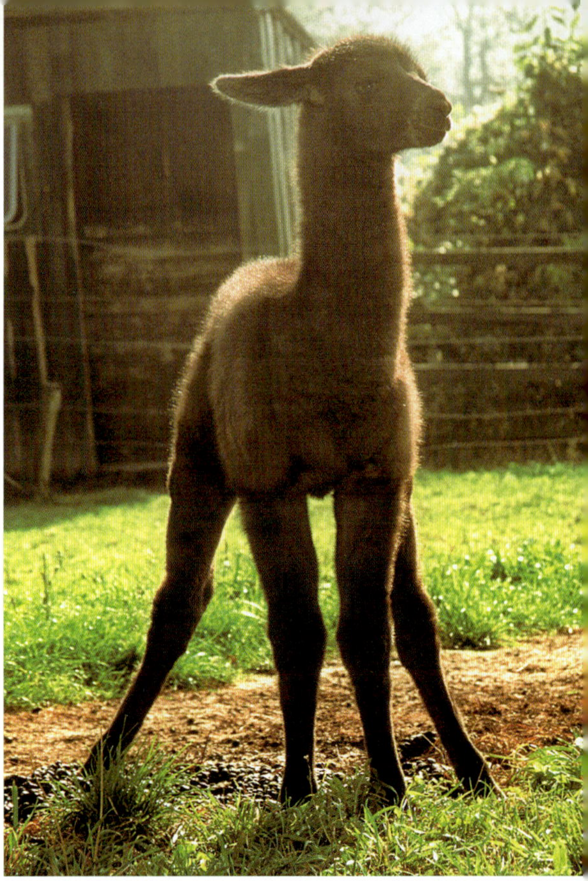
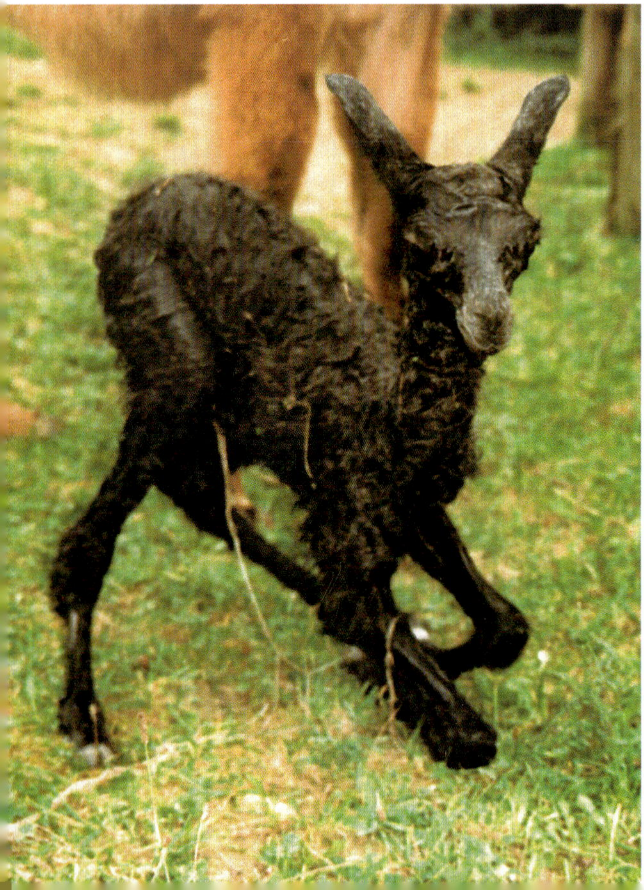
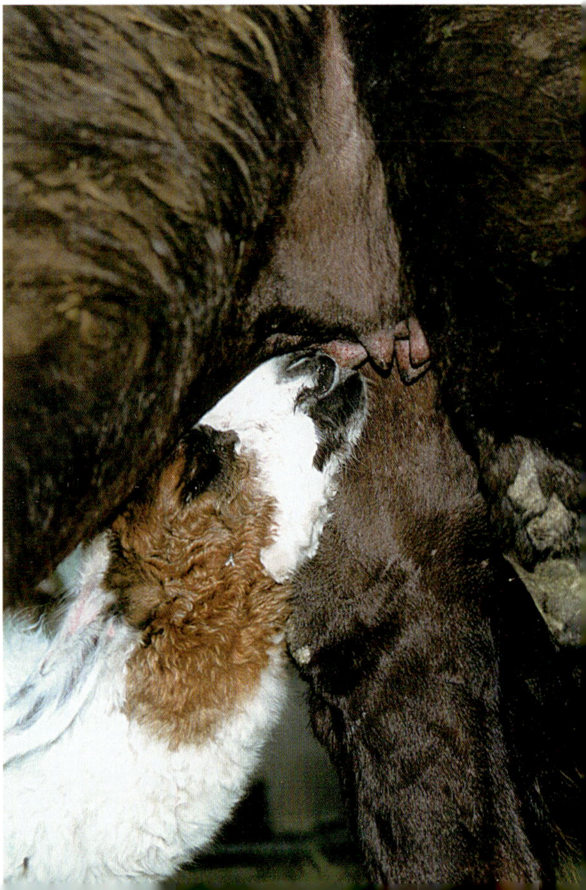

Woll- oder Hautprobleme können die Folge von Vitamin A-Mangel oder einer permanenten Unterversorgung mit Kupfer sein. Zinkmangel kann ebenfalls zu Problemen mit der Haut führen. Nicht eindeutig erforscht ist das häufige Auftreten von Hautirritationen im Zusammenhang mit Schwarzköpfigkeit von Lamas. Es deutet allerdings einiges auf diesen Umstand hin und einige Experten vermuten, dass es sich ähnlich verhält wie bei Schafen, bei denen dieser Zusammenhang gegeben ist. Zink muss in der Mineralstoffmischung eiweißgebunden vorhanden sein, damit es vom Organismus an die richtigen Stellen transportiert wird. Ist dies nicht der Fall, wird Zink bereits im Magen abgebaut und steht der Versorgung des Körpers nicht mehr zur Verfügung.

2.3.5 Giftige Pflanzen

In der Evolution passen sich die Lebewesen an die vorgegebenen Umweltbedingungen und an das Nahrungsmittelangebot an und lernen somit den Umgang mit giftigen Substanzen. In ihren Ursprungsländern können Neuweltkameliden mit dem dort vorliegenden Nahrungsangebot umgehen, haben Resistenzen gegen gewisse, für andere Tiere vielleicht gefährliche Pflanzen aufgebaut und meiden Giftpflanzen, die dort heimisch sind.

Durch das geänderte Angebot in ihren neueren Verbreitungsgebieten auf allen übrigen Kontinenten besteht die Gefahr, dass Pflanzen, die für unsere Haustiere keine Gefahr darstellen, für Lamas und Alpakas eine Gesundheitsgefährdung bedeuten. Giftige Pflanzen sind für sie nicht immer als solche erkennbar und könnten daher aufgenommen werden. Durch den dreiteiligen Lamamagen können leicht giftige Substanzen in ihrer Wirkung aber auch gemildert werden. Durch die wählerische Art beim Fressen selbst ist die Gefahr der Aufnahme größerer Mengen von ein und derselben Pflanze relativ gering. Normalerweise fressen Tiere nichts, was ihnen schaden könnte, in übermäßigem Ausmaß, sofern genug von anderem Futter vorhanden ist.

Durch ihre angeborene Neugier nagen Lamas und Alpakas jedoch an allem möglichen und kosten gerne von unbekannten Pflanzen und Gewächsen. In den meisten Fällen sind giftige Pflanzen auch im Geschmack etwas bitter. Solange auf ihrer Weidefläche ausreichendes Futter vorhanden ist, selektieren sie sehr gerne und lassen weniger bekömmliche Pflanzen stehen. Gerade in vegetationsarmen Zeiten jedoch, wo die Möglichkeit dieser Selektion nicht gegeben ist, kommt es immer wieder vor, dass diese Tiere Pflanzen oder Pflanzenteile in größerer Menge aufnehmen, als dies vom Organismus toleriert wird. Dadurch konzentrieren sich die Giftstoffe im Körper und führen zu Schädigungen an inneren Organen wie zum Beispiel Leber oder Niere.

Das zur Verfügung stehende Weideland sollte deshalb schon vor dem Austrieb der Tiere auf eine mögliche Konzentration von gesundheitsschädlichen Pflanzen kontrolliert werden.

Neben diesen Pflanzen, die auf der Weide vorkommen können, gibt es eine Reihe von teilweise hochgiftigen Zierpflanzen, die in unsere Gärten Einzug gehalten haben. Gerade Lamas und Alpakas aber eignen sich vorzüglich zum Beweiden kleinerer Flächen beziehungsweise Gärten. Dabei sollte unbedingt vermieden werden, dass diese Tiere dann Zugang zu den für sie vielleicht schon in geringen Dosen tödlich wirkenden Bäumen, Sträuchern oder anderen Gewächsen haben.

Oleander, Rhododendren, Eiben, Thujen, um einige sehr gefährliche Vertreter zu nennen, sollten nicht einmal in der Nähe einer Lamaweide sein. Im Winter könnten Besucher auf die Idee kommen, die Tiere mit etwas Grünem zu füttern. Diese sind besonders während dieser Jahreszeit für alles Frische dankbar und könnten dann todbringende Pflanzen fressen. Auch vom Wind verwehte, trockene Blätter vom Oleander sind schon in geringer Menge (etwa 10 Stück) tödlich.

Linke Seite: Fohlen
Oben links: 20 Minuten nach der Geburt.
Oben rechts: Auch Fohlen benutzen bei Bedarf sofort den gemeinsamen Kotplatz.
Unten links: Die ersten Gehversuche sind noch sehr wackelig.
Unten rechts: Nur äußerst selten muss ein Fohlen die Milchbar mit einem Zwilling teilen.

Evolution = stammesgeschichtliche Entwicklung der Lebewesen

Giftige Pflanzen

Tab. 4 Die wichtigsten Giftpflanzen.

Bezeichnung – lateinischer Name	Vorkommen	Giftige Teile, enthaltenes Gift
Wiesenpflanzen, Unkräuter		
Hahnenfuß, scharfer – *Ranunculus acer*	feuchte Wiesen	ganze Pflanze – Anemonin
Hahnenfuß, knolliger – *R. bulbosus*	trockene Wiesen	ganze Pflanze – Anemonin
Hahnenfuß, kriechender – *R. repens*	Wegränder, Straßengräben	ganze Pflanze – Anemonin
Trollblume – *Trollius europaeus*	feuchte Wiesen	ganze Pflanze – Anemonin
Herbstzeitlose – *Colchicum autumnale*	Wiesen der Alpen/Voralpen	ganze Pflanze – Alkaloid
Weißer Nieswurz – *Veratrum album*	nasse und überdüngte Wiesen	ganze Pflanze – Alkaloid
Blutströpfchen – *Adonis aestivalis*	Kalk- und Lehmböden	ganze Pflanze
Kornrade – *Agrostemma githago*	Getreideunkraut	Samen
Einjähriges Bingelkraut – *Mercurialis annua*	Acker- und Gartenland	ganze Pflanze, zumindest giftverdächtig
Miere, rote und blaue – *Anagallis* spec	Acker- und Gartenland	ganze Pflanze, zumindest giftverdächtig
Zypressen-Wolfsmilch – *Euphorbia cyparissias*	trockene, sonnige Wiesen	giftiger Milchsaft
Sonnenwolfsmilch – *Euphorbia helioscopia*	trockene, sonnige Felder	giftiger Milchsaft
Gartenwolfsmilch – *Euphorbia peplus*	Schutthalden, trockene Standorte	giftiger Milchsaft
Sumpfschachtelhalm – *Equisetum palustre*	feuchte Wiesen	ganze Pflanze
Gemeines Seifenkraut – *Saponaria officinalis*	sandige Stellen, Flußufer	Blüte – Saponin
Schöllkraut – *Chelidonium majus*	Schutthaufen, Hecken, Zäune	ganze Pflanze – Alkaloid
Gefleckter Schierling – *Conium maculatum*	Wegränder, Zäune, Hecken	ganze Pflanze – Alkaloid
Wasserschierling – *Cicuta virosa*	Flußufer	ganze Pflanze – Alkaloid
Hundspetersilie – *Aethusa cynapium*	Hecken, Zäune, Schuttplätze	ganze Pflanze – Alkaloid
Wasserfenchel – *Oenanthe phellandrium*	Uferbereich	ganze Pflanze
Bilsenkraut – *Hyoscyamus niger*	humoser Schutt	ganze Pflanze – Alkaloid
Stechapfel – *Datura stramonium*	Schutthalden	ganze Pflanze – Alkaloide
Bäume und Sträucher		
Sadebaum – *Juniperus sabina*	Hochgebirgspflanze	Zweige und Blätter
Eibe – *Taxus baccata*	Kalkböden	Zweige und Blätter
Goldregen – *Cytisus laburnum*	trockene Kalkböden	Samen und junge Rinde
Pfaffenhütchen – *Euonymus europaeus*	Waldränder, Hecken	Samen
Kreuzdorn – *Rhamnus cathartica*	Waldränder, Hecken	Früchte
Efeu – *Hedera helix*	an Mauern, Bäumen	Beeren, Blätter – Glykosid
Schwarze Heckenkirsche – *Lonicera nigra*	schattige Bergwälder	Früchte
Porst (Mottenkraut) – *Ledum palustre*	sumpfige Gebiete	ganze Pflanze
Aufrechte Waldrebe – *Clematis erecta*	Hecken, Waldränder	ganze Pflanze, besonders Blätter

Wenn Sie mit Ihren exotischen Vierbeinern wandern gehen, sollten Sie auch während jeder Pause sicherstellen, dass die ausgewählte Weidestelle frei von allzu giftigen Pflanzen ist. Während der Wanderung selbst sollte darauf geachtet werden, dass die Tiere nicht ständig am Wegrand naschen, da auch dort sehr häufig zwar wunderschön anzusehende, aber nicht immer genießbare Pflanzen stehen.

Neben den in Tabelle 4 zusammengefassten giftigen Pflanzen, Bäumen und Sträuchern können die Tiere auch durch giftige Substanzen jeglicher Art gefährdet sein, die aus Unachtsamkeit in einem Bereich stehen, der für die Tiere zugänglich ist. Pflanzenschutzmittel, Öle, Chemikalien, Ködergifte und ähnliche Substanzen sollten nicht unversperrt gelagert werden.

Nicht als Gift oder Gefährdung für die Gesundheit der Tiere, sondern eher als lästige Verunreinigung der Wolle ist das Vorkommen von Kletten auf der Weide zu werten, weshalb auch diese vorsorglich entfernt werden sollten.

2.3.6   Fehler bei der Fütterung

Betrachten Sie die Bestimmungen des Tierschutzgesetzes als Mindestanforderungen an eine Tierhaltung in menschlicher Obhut. Glückliche Tiere bedeuten meist auch glückliche Tierbesitzer.

Sorgen Sie dafür, dass neben dem Platzangebot und der Ernährung auch die Möglichkeit für eine intakte Sozialstruktur bei den Tieren gegeben ist.

Vermeiden Sie durch Ihre Betreuung das Auftreten von Fehlprägungen im Verhalten der Tiere.

Neuweltkameliden haben ein äußerst kompliziertes Verdauungssystem, bringen Sie dieses nicht durch gut gemeinte „Leckerli" aus dem Gleichgewicht.

Bei Freizeit- und Hobbytieren gibt es wesentlich mehr Probleme mit zu gut genährten Tieren als mit mageren. Neuweltkameliden kommen aus Regionen mit kargem Nahrungsangebot. Dieser Umstand muss bei der Ernährung berücksichtigt werden.

Sorgen Sie dafür, dass Besucher die Tiere nicht füttern, das könnte längerfristig schwerwiegende Probleme bedeuten.

3 Pflege

3.1 Gesundheitsvorsorge

Als Halter von Freizeit- und Hobbytieren ist man bemüht, für seine Tiere Bedingungen zu schaffen, die ihnen ein gesundes, artgerechtes und angenehmes Dasein ermöglichen. Man wird alle Vorkehrungen treffen, um den Tieren das Erreichen eines hohen Lebensalters bei guter Gesundheit zu ermöglichen.

Alpakas und Lamas werden immer wieder, und nicht zu unrecht, als sehr pflegeleichte, robuste und widerstandsfähige Tiere bezeichnet. Dabei darf aber nicht übersehen werden, dass auch südamerikanische Kleinkamele krank werden können. Bei entsprechenden Haltebedingungen, hygienischen Vorkehrungen und medizinischen Vorsorgemaßnahmen werden sie ihrem Ruf als wenig krankheitsanfällig jedoch gerecht.

Beim Thema Gesundheitsvorsorge ist ein wichtiger Aspekt allerdings zu beachten: Erkrankte Tiere zeigen ihren angegriffenen Gesundheitszustand erst sehr spät oder nur bei ständiger und genauer Beobachtung der Tiere. Dieses Verhalten stammt von ihren wildlebenden Vorfahren, die bei Erkrankungen mit der Herde mitziehen müssen, um nicht schon bei geringen Beeinträchtigungen eine leichte Beute für natürliche Feinde abzugeben.

Aus diesem Grund ist der tägliche Kontakt mit den Tieren vorteilhaft. Dabei sollte großes Augenmerk auf das Verhalten der gesamten Gruppe gelegt werden. Wenn zum Beispiel eines der Tiere bei der Fütterung nicht gemeinsam mit allen anderen am Futtertrog erscheint oder nicht auf die Weide mitgeht oder sich über längere Zeit getrennt von der übrigen Herde aufhält, sollte man dieses Tier genauer beobachten und den möglichen Ursachen für dieses auffällige Verhalten nachgehen. Eine Ausnahme dabei bilden hochträchtige Stuten, die Ruhe brauchen und dadurch oft auch die nahende Geburt anzeigen.

Offensichtlich krankes Lama

Auch an der Ohrenstellung oder an der gesamten Körperhaltung kann man einiges über den Gesundheitszustand eines Tieres erkennen. Ein gesundes Lama wird bei jeder kleinsten Veränderung in der Umgebung sofort neugierig und aufmerksam reagieren, während ein kränkelndes Tier eher teilnahmslos erscheint. Eine aufrechte, fast stolze Haltung von Hals und Kopf ist die normale und gesunde Erscheinungsweise von Neuweltkameliden. Ein kamelartig durchhängender Hals, wobei der Kopf oft in Widerristhöhe gehalten wird, lässt hingegen meist auf Schmerzen durch Unstimmigkeiten im Verdauungstrakt oder andere Ursachen schließen. Nur hochträchtige Tiere stehen lange am Kotplatz, ohne sich zu entleeren. Wenn ein Lama sich ständig hinsetzt und kurz danach wieder aufsteht, unruhig im Kreis geht und vielleicht mit den Zähnen knirscht, deutet dies ebenfalls auf eine Disharmonie im Verdauungsapparat, vielleicht auf eine Kolik hin. Hochträchtige Stuten können auch Koliken durch eine vorübergehend ungünstige Lage des Embryos haben.

Tiere, die sich ständig an irgendwelchen Körperstellen kratzen oder häufig mit dem Maul das Fell zu säubern versuchen, sich überdurchschnittlich viel im Sandbad wälzen, sollten auf Außenparasiten (Ektoparasiten) kontrolliert werden; ebenso, wenn das Fell einen stumpfen Gesamteindruck macht. Die Ursache eines stumpfen Wollkleides kann auch in einer Mangelerscheinung von Mineralstoffen begründet sein.

Jede Art von Ausfluss aus Augen, Nase, Mund oder Vagina ist ebenfalls ein Zeichen von zumindest beeinträchtigter Gesundheit und sollte genauer angeschaut werden.

Eine Veränderung der Konsistenz im Kot, der im Normalfall in Form kleiner, länglicher, fast schwarzer Pellets anfällt, die manchmal zusammengeklumpt sein können, aber nicht über längere Zeit als Fladen erscheinen sollten, ist ein Hinweis auf möglichen Befall mit Magen- oder Darmparasiten. Wässriger Durchfall ist bereits ein Alarmsignal und erfordert sofort sanierende Maßnahmen.

Sollte ein Lama oder Alpaka einmal weniger Futter aufnehmen oder einen schlechteren Ernährungszustand aufweisen, der nicht mit dem Verdauungsapparat zusammenhängt, könnten auch Probleme mit den Zähnen die Ursache sein. Dies kommt manchmal bei älteren Tieren vor. Nicht selten leiden aber auch jüngere Tiere unter derartigen Beschwerden. Besonders bei Alpakas kommt es oft zu überdurchschnittlichem Wachstum der Schneidezähne, was ebenfalls zu Beeinträchtigungen bei der Futteraufnahme führen kann.

Je länger man sich mit der Haltung von Kameliden beschäftigt, umso eher wird man Unregelmäßigkeiten bemerken und umso mehr wird man ein Gefühl dafür entwickeln, wann ein Tierarzt beigezogen werden muss. Wichtig ist es, von vorneherein einen Tierarzt zu finden, der sich mit der Behandlung exotischer Tiere beschäftigen will und sich an entsprechenden Unterlagen interessiert zeigt. Heute ist es nicht mehr so schwierig einen Tierarzt oder eine Ärztin zu finden, die sich mit Neuweltkameliden und deren Krankheiten bereits im Studium auseinandergesetzt haben.

Als Neuling in der Neuweltkameliden-Haltung wird man eher früher, d. h., sofort bei Bemerken von Veränderungen, den Fachmann zu Rate ziehen. Wenn man dann mehr Erfahrung mit seinen Tieren hat, wird man vielleicht bei kleineren Unpässlichkeiten selbst helfend eingreifen können.

Wie bei allen Lebewesen ist die frühestmögliche Erkennung von Krankheitsanzeichen entscheidend für die weitere Entwicklung bzw. rasche Heilung.

Diese Auflistung der Anzeichen von beginnenden oder bereits fortgeschrittenen Krankheitssymptomen oder zumindest gesundheitlichen Beeinträchtigungen ließe sich noch weiter fortsetzen. Man kann aber schon sehen, dass eine regelmäßige Beobachtung des Verhaltens der Tiere untereinander, in der Gruppe und gegenüber dem

Menschen wichtig für die Früherkennung ist.

Wenngleich Neuweltkameliden sehr widerstandfähige Tiere sind, gibt es einige Fachbücher, die sich sehr intensiv mit allen möglichen Erkrankungen, deren Erkennung, Diagnose und schließlich Behandlung beschäftigen.

Besonders die europäischen Entdecker Südamerikas haben mit den aus Europa mitgebrachten Haustieren vielerlei Krankheiten, Seuchen und Parasiten auf den neuen Kontinent gebracht, wodurch die Bestände der Neuweltkameliden dort drastisch reduziert wurden. Mittlerweile konnten diese Tiere jedoch ein entsprechendes Immunsystem gegen diese, für sie früher unbekannten Bedrohungen aufbauen, wovon die Haltung von Kleinkamelen heute profitiert. Andererseits müssen sich Tiere, die aus dem fernen Kontinent nach Europa kommen, hier mit Krankheitserregern auseinandersetzen, die ihr Immunsystem nicht kennt.

Sehr wichtig für die Erhaltung eines gesunden Bestandes sind entsprechende hygienische Maßnahmen im Unterstand und auf der Weide.

Dazu gehört in erster Linie absolute Reinlichkeit bei den Fütterungseinrichtungen und ganz besonders bei der Versorgung mit Trinkwasser. Futtertröge sollen regelmäßig gereinigt werden, da mit dem Heu Verunreinigungen oder Fremdkörper eingebracht werden. Kleinkamele sind zwar sehr selektive Fresser und nehmen mit ihrer gespaltenen Oberlippe sehr gezielt Futter auf und ziehen es aus den entlegensten Winkeln hervor. Durch ihre angeborene Neugierde beißen sie aber auch an allen möglichen Fremdkörpern herum.

Besonders beliebt ist dabei das Bindegarn von Heuballen. Ist erst einmal ein Teil davon in der Speiseröhre, geht die Schnur dann eher Richtung Magen als wieder aus dem Schlund heraus und kann durch die schneidende Wirkung an der Magen- oder Darmwand zu fatalen Verletzungen führen. Abgesehen davon kann eine solche

Schnur auch auf andere Weise zur Gefährdung, beispielsweise zur Strangulierung, von Tieren führen.

Stacheldrahtstücke, die von früheren Weideeinzäunungen umherliegen, verfangen sich leicht in der Wolle und können beim Suhlen zu Verletzungen führen, die man kaum bemerkt. Ebenso stellen solche Drahtstücke oder andere scharfkantige Gegenstände immer eine große Gefahr für die Fußschwielen dar. Gerade diese Schwielensohlen sind kaum durchblutet und eine Heilung von Verletzungen ist dort besonders langwierig.

Trinkwasserbehälter sollten im Sommer wöchentlich gereinigt werden, auch Selbsttränken sind nicht selbstreinigend.

Zu dicke Einstreu sollte wegen der möglichen Verunreinigung durch Kleinstlebewesen vermieden werden. Lediglich die Kotplätze im Paddock oder im Unterstand bzw. Stall sollten mit Stroh, den groben Heuresten oder Sägespänen/Hobelspänen abgedeckt werden. Bei Verwendung von Hobelspänen muss allerdings sichergestellt sein, dass die Tiere sich nicht im unmittelbaren Bereich des Kotplatzes wälzen, da sonst das Fell stark verunreinigt werden würde.

Die Kotplätze müssen im Unterstand/Stall täglich, im Paddock je nach Anzahl der Tiere mindestens wöchentlich und auch auf der Weide einmal pro Woche gereinigt werden. Geschieht das nicht, bergen gerade diese Stellen eine nicht zu unterschätzende Gefahr von Reinfektionen mit Parasiten. Außerdem dehnen sich die Kotplätze bei ungenügender Beseitigung sehr rasch aus, was die nutzbare Fläche auf der Weide einschränkt. Die Tiere haben die Angewohnheit, sich beim Entleeren nicht direkt in den früher abgesetzten Kot zu stellen, sondern knapp daneben, was eine stete Ausbreitung oder Wanderung dieser Stellen zur Folge hat.

Es ist im Interesse des Halters, wenn er bereits Tiere auf seinem Betrieb hat und neue dazustellen will, dass diese Neuankömmlinge für einige Zeit gesondert von den anderen Tieren gehalten werden. Sie

Tab. 5. Referenzwerte klinisch-chemischer Blutparameter.

Parameter	Einheit	Alpaka	Lama
Niere			
Harnstoff	mg/dl	8–35	10–30
Kreatinin	mg/dl	< 2,2	< 2,5
Gesamteiweiß	g/dl	5,0–7,5	5,0–7,0
Natrium	mmol/l	145–155	145–160
Chlorid	mmol/l	105–120	105–120
Kalium	mmol/l	4,0–6,0	4,0–6,0
anorg. Phosphat	mmol/l	1,3–2,5	1,3–3,0
Leber			
Ges. Bilirubin	mg/dl	– 0,3	– 0,3
ALT (GPT)	U/l	< 50	< 20
Alk. Phosphatase	U/l	< 220	< 120
y-GT	U/l	< 35	< 45
AST (GOT)	U/l	< 300	< 350
GLDH	U/l	< 25	< 20
Albumin	g/dl	2,5–4,0	3,0–4,0
Pankreas			
Glucose	mg/dl	90–125	90–130
a-Amylase	U/l	< 1800	< 1800
Lipase	U/l	< 50	< 20
Cholesterin	mg/dl	20–45	15–45
Muskel			
CK	U/l	< 180	< 250
LDH	U/l	< 650	< 450
Calcium	mmol/l	2,2–2,7	2,2–2,9
Magnesium	mmol/l	0,9–1,2	1,0–1,4
Triglyceride ges.	mg/dl	10–35	10–55
Fruktosamin	umol/l	< 360	< 360

Referenzlabor

Vet-Med-Labor

Institut für klinische Prüfung Ludwigsburg GmbH

Veterinärmedizinisches Labor

Postfach 1110 – 71611 Ludwigsburg

Veröffentlicht: **LAMAS** 1/2004

© Verein der Züchter, Halter und Freunde von Neuweltkameliden e.V.

Stand:
November 2003

Tab. 5. Referenzwerte klinisch-chemischer Blutparameter (Fortsetzung).		
Parameter	Einheit	Lama /Alpaka
Hämatologische Referenzwerte[1]		
Hämatokrit	%	22–46
Hämoglobin	g/dl	10,8–18,0
Erythrozyten	$\times 10^6$/ul	9,9–17,7
MCHC	g/dl	38,3–47,0
MCH	pg	9,4–12,0
MCV	fl	21,4–29,0
Leukozyten	1000/ul	7,2–22,2
Neutrophile Granulozyten	1000/ul	2,9–15,0
stabkernige	/ul	0–128
segmentkernige	1000/ul	4,6–16,0
Lymphozyten	/ul	963–7642
Monozyten	/ul	0–1091
Eosinophile Granulozyten	/ul	0–4722
Basophile Granulozyten	/ul	0–275

[1] nach Fowler: „Medicine and Surgery of South American Cemelids" sind bei den hämatologischen Werten die Werte von Lamas und Alpakas gleichzusetzen

Veröffentlicht: **LAMAS** 3/1999
© Verein der Züchter, Halter und Freunde
von Neuweltkameliden e.V.

Stand:
November 2003

könnten bereits Krankheiten mitbringen, jedoch noch keine sichtbaren Anzeichen erkennen lassen. Diese Vorsichtsmaßnahme verhindert das Einschleppen von ansteckenden Krankheiten oder Parasiten in einen „sauberen" Bestand und ist vor allem dann angebracht, wenn man den Herkunftsbetrieb und dessen hygienischen Standard nicht genauer kennt.

3.2 Normalwerte

Um zu wissen, ob ein Tier krank ist, ist es notwendig, zu wissen, wie ein gesundes Tier reagiert, beziehungsweise wie dessen Normalwerte sein sollten. Über das Verhalten von gesunden Alpakas und Lamas wurde bereits einiges erklärt, daneben gibt es auch die messbaren Faktoren, die sich in einem gewissen Rahmen bewegen sollten. Die meisten dieser Sollwerte wird nur der Tierarzt beurteilen können, einige davon kann der Halter aber relativ einfach auch selbst kontrollieren.

Als wichtiges Indiz für ein gesundes Lebewesen gilt immer die Körpertemperatur, die bei Neuweltkameliden zwischen 37,5 und 38,5 °C liegen sollte. Gemessen wird diese im After. Am besten eignet sich dazu ein digitales Fieberthermometer, das mit einer Schnur an einer Klammer befestigt sein sollte, die während der Messung am Fell befestigt wird.

Neugeborene haben einen etwas größeren Temperaturbereich, der bei 37,2 °C beginnt und bis zu knapp 39 °C reicht.

Die Atemfrequenz liegt bei einem gesunden Tier zwischen zehn und dreißig Zügen pro Minute.

Die Herzfrequenz sollte sich zwischen 60 und 95 Schlägen pro Minute bewegen, wobei jüngere Tiere einen höheren Puls haben.

Für den erfahrenen Lamahalter ist eventuell noch die Frequenz der Magenperistaltik im Bereich der linken Flanke hinter den Rippen hörbar, die bei ungefähr vier Kontraktionen des ersten Magenabschnittes je Minute liegen sollte.

Weitere Werte werden vor allem im Labor bei einer Blutanalyse gewonnen. Die Normalwerte sind in Tabelle 5 dargestellt.

3.3 Parasiten, Vorbeugung, Behandlung

Mein besonderer Dank gilt Frau Dr. med. Vet. Carina Kriegl für die fachliche Unterstützung beim folgenden Kapitel.

Parasiten haben bei der Gesundheitsvorsorge große Bedeutung, da gerade sie durch entsprechende Maßnahmen von jedem Halter bekämpft werden müssen.

Um über weitere Krankheitserscheinungen detaillierter zu berichten, fehlt in diesem Buch der Platz. Für diesen Zweck gibt es im Anhang angeführte Fachliteratur und es wird jedem Halter empfohlen, mit dem Tierarzt seiner Wahl darüber zu sprechen, ob eine Anschaffung entsprechender Unterlagen zweckmäßig sein könnte.

Die Ausführungen in diesem Buch sollen und wollen in keinem Fall dem behandelnden Tierarzt ein Leitfaden sein, sondern sollen lediglich den Halter dazu anregen, auffälliges Verhalten zu erkennen, daraus Schlüsse zu ziehen und dem Tierarzt bei dessen Verständigung genauere Befindensstörungen des betreffenden Tieres mitteilen zu können.

Die Vorsorge vor Parasitenbefall ist Teil jeder Tierhaltung und sollte daher auch bei Neuweltkameliden Beachtung finden.

Viele Lamahalter gehen bei dieser Präventivmaßnahme sehr planmäßig vor und entwurmen ihren Bestand zwei- bis viermal pro Jahr, andere wiederum lassen Kotuntersuchungen durchführen und entwurmen erst bei Auftreten von Parasiten, um ihren Tieren die unnötige Aufnahme von Medikamenten zu ersparen.

3.3.1 Endoparasiten – Innenparasiten

Nur die häufig auftretenden Innenparasiten werden hier behandelt, für weiterreichende Informationen wurde bereits auf entsprechende Fachliteratur verwiesen, die im Anhang zu finden ist.

Endoparasiten führen nicht nur zu Leistungsminderung, Gewichtsverlust und erhöhen die Krankheitsanfälligkeit, sondern können auch v. a. bei Jungtieren schwere Erkrankungen bewirken.

Deshalb ist es umso wichtiger, dass zu einer professionellen und guten Bestandsbetreuung eine optimale Endoparasitenprophylaxe gehört. Sie stellt die sicherste und im Endeffekt auch die billigste Möglichkeit dar, eine Herde gesund zu erhalten.

Die Verbreitung der Endoparasiten erfolgt fast ausschließlich über mit dem Kot ausgeschiedene Vermehrungsprodukte. Neuweltkameliden infizieren sich i.d.R. bei der Futter- und Wasseraufnahme mit Eiern oder Larvenstadien der Parasiten. Man unterteilt die Endoparasiten in Einzeller, die sog. Protozoen und in Helminthen (Würmer), die zu den parasitisch lebenden Mehrzellern, den sog. Metazoen gehören. Es gibt zahlreiche Arten, Familien und Unterfamilien. In diesem Rahmen wird jedoch auf eine vollständige Aufzählung der Artnamen verzichtet und nur auf eine Darstellung der häufigsten Endoparasiten im Überblick Wert gelegt. Bei den Helminthen differen-

Parasiten = Lebewesen, die aus dem Zusammenleben mit anderen Lebewesen einseitig Nutzen ziehen (schmarotzen) und dadurch oft auch schädigen und Krankheiten hervorrufen

Endo- (auch Ento-) oder Innenparasiten leben im Inneren ihres Wirtes. Sie besiedeln Hohlräume, Epithelien, das Blut oder auch das Gewebe verschiedener Organe. Extrazelluläre Endoparasiten leben außerhalb von Zellen, (z. B. Giardia auf Darmepithel und der Medinawurm, der den Körper durchwandert). Intrazelluläre Endoparasiten leben vorwiegend innerhalb von Wirtszellen (z. B. Malariaerreger). Viele Endoparasiten halten sich während ihres Lebenszyklus sowohl extra- als auch intrazellulär auf.

ziert man wiederum zwischen den Plattwürmern, zu welchen die Bandwürmer und die Saugwürmer (Egel) zählen, und den Rundwürmern. Zur Gruppe der Rundwürmer zählen v. a. die zahlreichen Magen-Darm-Würmer und die Lungenwürmer.

Endoparasiten:
((1)) Protozoa (Einzeller)
((2))Metazoa (Mehrzeller)
((2.1)) Helminthen (Würmer)
((2.1.1 = Stamm)) Plattwürmer (Plathelminthes)
((2.1.1.1 = Klasse)) Bandwürmer (Cestoden)
((2.1.1.1 = Klasse)) Saugwürmer (Trematoden)
((2.1.1 = Stamm)) Rund- oder Fadenwürmer (Nematoden)
((2.1.1.1.1 = Familie)) Palisadenwürmer, Blutwürmer (Strongyliden)
((2.1.1.1.1 = Familie)) Magen-Darm-Würmer (Trichostrongyliden)
((2.1.1.1.1.1 = Gattung)) Peitschenwürmer (*Trichuren*)
((2.1.1.1.1.1 = Gattung)) Haarwürmer (*Capillaren*)
((2.1.1.1.1.1 = Gattung)) Lungenwürmer (*Dictyocauliden*)

Zu den einzelligen Parasiten zählen Kokzidien, Toxoplasmen, Sarkoporidien und Giardien, wobei vor allem die erstgenannten eine große Bedeutung haben. Wichtig ist, zu betonen, dass diese Eimeria-Arten (Kokzidien) ausschließlich bei Neuweltkameliden vorkommen und keine anderen Wiederkäuer befallen können. Umgekehrt gilt dasselbe.

In der Regel ist bei einer Kokzidieninfektion ein gleichzeitiger Befall mit anderen Magen-Darm-Würmern vorhanden. Kokzidiose ist in Südamerika ein großes Problem und trägt dort zu hoher Fohlensterblichkeit bei. Die einzelligen Parasiten nisten sich bei den Tieren im Darm ein und die Erkrankung führt zu Abmagerung sowie zum Absetzen von breiigem Kot. Im fortgeschrittenen Stadium kommt es auch zu wässrigem, auch blutigem Durchfall. Fehlt, vor allem bei Jungtieren, eine gute Immun-

abwehr oder sind diese Stresssituationen ausgesetzt (z. B. Transport oder mangelhafte Haltungsbedingungen), kann es bei diesen Tieren zu einer übermäßigen Belastung kommen. Die in Ruhestadien befindlichen Parasiten, die keine deutlichen Krankheitssymptome verursachen, vermehren sich dann im Darm so massiv, dass oft schwere Beeinträchtigungen die Folge sind. Da diese einzelligen Parasiten nicht mit den Entwurmungsmitteln für Magen-, Darm- und Lungenwürmer bekämpft werden, wird eine Kotanalyse empfohlen. Auf alle Fälle ist bei bereits wässrigem Durchfall höchste Eile geboten, da Tiere sehr schnell einen Großteil ihrer Körperflüssigkeit verlieren können und dann jede Hilfe zu spät kommt.

Trematoden – Saugwürmer
Man unterscheidet grundsätzlich zwischen dem **Großen Leberegel** (*Fasciola hepatica*) und dem **Kleinen Leberegel** (*Dicrocoelium dentriticum*). Beide Parasiten benötigen für ihre Entwicklung sogenannte Zwischenwirte. Der Große Leberegel braucht für seinen Infektionszyklus Zwergschlammschnecken, weshalb man diesen Leberegel nur bei Tieren findet, die auf feuchten Wiesen weiden. Bei der Infektion mit dem Großen Leberegel werden sowohl akute Verlaufsformen mit hoher Sterblichkeit als auch chronische Fälle mit chronischen Leberschäden beschrieben. Abmagerung und Verdauungsstörungen, Durchfall oder Verstopfung könnten unter anderem ihre Ursache in einem starken Befall mit Leberegeln haben. Typisch für einen Leberegelbefall sind wechselnde Perioden mit deutlichen Krankheitssymptomen und Perioden mit scheinbarer Besserung.

Die Entwicklung des kleinen Leberegels erfolgt über zwei Zwischenwirte, und zwar über die Landlungenschnecke und die rote Wiesenameise. Die klinischen Symptome bei Befall mit dem kleinen Leberegel können sehr unspezifisch sein. Ein länger andauernder starker Befall kann jedoch sehr schnell, vor allem, wenn Sekundärinfektionen auch eine Rolle spielen, zum Tod der

Tiere führen. Die hochgradigen Veränderungen der Leber werden dann oft erst durch eine Sektion sichtbar.

Der Nachweis beider Egel erfolgt mittels Kotuntersuchung, wobei die Untersuchung auf den Kleinen Leberegel relativ problematisch ist, da die Eier nicht konstant ausgeschieden werden. Ein zusätzliches Problem ist die lange Überlebenszeit der Larvenstadien in den Zwischenwirten, insbesondere bei dem Kleinen Leberegel. Es ist deshalb sehr schwierig, die Weiden parasitenfrei zu machen.

Dictycauliden – Lungenwürmer

Wie der Name schon sagt, parasitieren diese Würmer in der Lunge, und zwar in den Bronchien. Von dort werden sie ausgehustet, wieder abgeschluckt und gelangen somit wieder über den Darm in den Übertragungskreislauf. Die Infektion mit Lungenwürmern erfolgt über die Aufnahme von Larven beim Fressen von Pflanzen. Diese wandern vom Darm über den Körperkreislauf in die Lungen, wo sie Krankheitserscheinungen wie Husten, Lungenentzündungen, Atemnot o. ä. verursachen können.

Wichtig ist, dass für die richtige Diagnose mehrmalige Kotuntersuchungen mittels Spezialverfahren notwendig sind, weil zum einen nur in bestimmten Stadien Larven ausgeschieden werden und zum anderen klinische Symptome bereits vor der Ausscheidung der Larven auftreten können.

Cestoden – Bandwürmer

Diese Parasiten, z. B. *Monezia* spp., der Bandwurm des kleinen Wiederkäuers, können sich im Darm von Kameliden einnisten. Im Kot kann man unter Umständen die ausgeschiedenen Glieder als ungefähr reiskornartige Segmente erkennen. Als Zwischenwirte gelten hierbei Milben. Die Entwurmungsmittel gegen Magen- und Darmwürmer wirken meist nicht gegen Bandwürmer, weshalb diese gesondert bekämpft werden müssen bzw. kann durch regelmäßige Prophylaxemaßnahmen eine Infektion vermieden werden.

Nematoden – Fadenwürmer

Bei Neuweltkameliden kommen zahlreiche Nematoden des Magen-Darm-Traktes vor, die zum Teil bedeutende Krankheitssymptome verursachen können. Oftmals bleibt ein Befall mit Nematoden unbemerkt, denn klinische Symptome treten erst mit einem hochgradigen Befall oder in Verbindung mit begleitenden Erkrankungen auf. Verdächtige Anzeichen sind Durchfall, Abmagerung oder Blutarmut, wobei diese Symptome auch bei anderen Erkrankungen zu Tage treten (z. B. Mangelerkrankungen oder chronische Infektionen). Vor allem spielen die Trichostrongyliden, (wie *Haemonchus contortus, Ostertagi ostertagi, Camelostrongylus mentulatus, Trichostrongylus axei, Cooperia* spp.), *Bunostomum* spp. und *Oesophagostomum* spp., die teilweise ausschließlich im dritten Magenkompartiment oder auch zusätzlich im Dünndarm parasitieren, eine große Rolle.

Andere Parasiten wiederum (wie z.B Larven von Nematodirus, Strongyloides und Capillaria) können nur im Dünndarm vorkommen. Im Dickdarm einschließlich Blinddarm finden sich Larven von Trichuris und Oesophagostomum. Besonders von Bedeutung ist ein Befall des Magen-Darm-Traktes mit Peitschenwürmern (Trichuris spp.) und mit Strongyloides spp., denn erfahrungsgemäß trotzen diese Parasiten sehr hartnäckig der Behandlung (HÄNICHEN et al., 2002).

In jedem Falle sind hier parasitologische Kotuntersuchungen zu empfehlen, denn diese geben Aufschluss über die Art der Parasiten und die daraus resultierende spezifische Behandlung. Die regelmäßige Entwurmung, mindestens zweimal jährlich, bedeutet meist eine gute Prophylaxe.

3.3.2 Tipps und Prophylaxemaßnahmen

Abmagerung wird bei Alpakas und Lamas oft erst sehr spät bemerkt. Durch das üppige Wollkleid sieht man den Ernährungszustand nicht leicht, sondern kann diesen am ehesten fühlen. Bei den Routinear-

beiten im Gehege und im Unterstand sollte man es sich zur Angewohnheit machen,
dem einen oder anderen Tier über den Rücken zu streichen und bei den Wirbelfort-
sätzen und bei den Beckenknochen den Ernährungszustand zu kontrollieren.

Erste Anzeichen von Fressunlust dürfen
nicht ignoriert werden! Oft gibt es keine
weiteren Signale für eine beginnende oder
bereits fortgeschrittene Erkrankung.

Eine der effektivsten Maßnahmen gegen
Endoparasiten vorzubeugen ist, ungefähr
alle drei Wochen die Weide zu wechseln.
Selbst wenn es nicht jedem Halter aufgrund von eingeschränkter Weidefläche
möglich ist, diesen Rhythmus einzuhalten,
ist es zu empfehlen, die Weideflächen
grundsätzlich kleiner zu halten und so oft
wie möglich zu wechseln.

Zugekaufte oder neue Tiere sollten stets
auf Wurmbefall untersucht oder vorbeu-
gend entwurmt werden. Diese vorbeu-
gende Entwurmung muss allerdings einige Tage vor dem Verbringen auf die neue
Weide erfolgen, da sonst die ausgeschiedenen Larven über den Kot der neuen Tiere
auf den eigenen Flächen verteilt werden.
Diese Maßnahme ist auch bei anderen Tieren, die gemeinsam mit Neuweltkameliden
gehalten werden, zu beachten, denn viele
Parasiten können auch von anderen Tierarten (Wiederkäuern) übertragen werden.

Wöchentliche Kontrollen der Kotplätze
sollten für jeden Tierhalter zur Routine gehören. Vor allem bei Erkrankungen durch
Bandwürmer kann man sehr häufig die
Glieder im Kot erkennen.

Von großer Bedeutung ist die Tatsache,
dass Endoparasiten jahrelang im Erdboden
überleben können. Das bedeutet, wenn
man jemals mit einem Befall konfrontiert
war, muss man sich darüber im Klaren
sein, dass das Problem erneut auftreten
kann. Umso wichtiger sind in so einem
Fall routinemäßige Entwurmungsmaßnah-
men.

Die meisten Magen-Darm-Parasiten benötigen Feuchtigkeit, um zu überleben.
Dies ist besonders in warmen und feuchten Perioden zu berücksichtigen, denn in
diesen Phasen finden sie optimale Lebensbedingungen. Demnach sollte man in den
Monaten Mai bis Juni häufiger entwurmen.

Die Häufigkeit der Entwurmung sollte
anhand der Herdengröße, der Neuzugän-
ge, der jeweiligen Weidefläche sowie anhand der unterschiedlichen Klimaverhält-
nisse festgelegt werden. Vor allem – wie
bereits vorher erwähnt –, sollte bei feucht-
warmen Witterungsverhältnissen ein opti-
males Entwurmungsprogramm erstellt
werden. Grundsätzlich geht man davon
aus, dass für eine durchschnittlich große
Herde eine Behandlung im Quartal aus-
reicht. Besondere Vorsicht ist allerdings bei
der Behandlung von tragenden Stuten geboten. Gerade zu Beginn und gegen Ende
der Trächtigkeit sollte der Tierarzt befragt
werden, um mögliche Nebenwirkungen
wie Missbildungen oder Aborte zu vermeiden.

Findet man tatsächlich bei der regelmäßigen Kotplatzkontrolle Hinweise auf einen Parasitenbefall oder zeigen die Tiere
Krankheitssymptome, die darauf hindeu-
ten, ist eine Kotuntersuchung durch den
Tierarzt oder ein entsprechendes Labor angezeigt. Zu beachten ist dabei allerdings,
dass nicht jeden Tag Wurmeier ausgeschieden werden und die sog. Präpatenzzeit
(= Zeitdauer von der Aufnahme der infek-
tiösen Parasitenstadien bis zum Auftreten
von ersten Geschlechtsprodukten (wie
Eier, Larven) im Kot des Tieres) zu berücksichtigen ist. Das heißt, dass auch bei
einem eventuellen negativen Ergebnis eine
Wiederholung der Kotuntersuchung notwendig ist, um sicherzugehen, dass das
Tier parasitenfrei ist.

Bei größeren Gruppen von Tieren ist es
nicht immer einfach, das tatsächlich von
Durchfall geplagte Tier sofort zu erkennen.
Wenn es möglich ist, trennt man die Gruppe in zwei kleinere, um festzustellen, in
welcher Gruppe das erkrankte Tier ist.
Diese Gruppierung wird nun so oft gewechselt, indem jeweils die Tiere, in deren
Unterstand weicher Kot auftritt, auf beide

Resistenzen: Im Laufe vieler Generationen können Organismen durch Mutation und Selektion resistent werden (angeborene Resistenz). Z. B. haben viele bakterielle Krankheitserreger eine „Antibiotikum-Resistenz" entwickelt mit der Folge, dass die Behandlung der durch diese ausgelösten Krankheiten schwieriger wird.

Gruppen aufgeteilt werden. Man kann damit bei relativ geringem Aufwand eindeutig ein erkranktes Tier finden.

Das verwendete Mittel zur Entwurmung sollte von Zeit zu Zeit gewechselt werden, um eine Resistenz der Parasiten gegen den einen oder anderen Wirkstoff zu verhindern. Dabei reicht es nicht aus, nur das Präparat oder den Hersteller zu wechseln, sondern der Wirkstoff muss ein anderer sein. Generell können zur Behandlung bei Parasitenbefall alle Medikamente eingesetzt werden, die auch bei anderen Wiederkäuern Verwendung finden. Die Dosierung wird bisher meist von Schafen oder Kühen übernommen, da spezifische Untersuchungen über Wirkung und Dosierung bei Neuweltkameliden bisher fehlen.

Entwurmungsmittel gibt es in Pulverform, als Granulat, in Tablettenform, flüssig oder als Paste für orale Verabreichung, flüssig zum Auftragen auf die Haut oder als Injektionslösung.

Bei der Verabreichung mittels Injektion ist die nicht bewollte Stelle hinter dem Schultergelenk bestens geeignet. Hier lässt sich leicht eine Hautfalte bilden und es besteht keine Gefahr, dass das Tier austritt.

Sogenannte Pour-on Präparate werden auf die Scheitellinie unmittelbar über den Schulterblättern aufgetragen. Dort kann sich das Tier am wenigsten säubern und kommt daher nicht an das Mittel heran.

Oral zu verabreichende Flüssigkeiten bringt man am besten mit einer Spritze mit einem aufgesetzten Plastikschlauch seitlich in die Mundhöhle und hält den Kopf des Tieres anschließend hoch, um ein Abschlucken der verabreichten Gesamtdosis sicherzustellen.

Ähnlich sollte das mit einer Paste funktionieren, die ebenfalls seitlich in den Mund eingebracht wird.

Tabletten werden meist mit einem Eingabewerkzeug geliefert, welches man ebenfalls seitlich, hinter den Schneidezähnen in die Mundhöhle einbringt. Hier muss man besonders darauf achten, dass die Tiere nicht die Tabletten unzerkaut wieder ausspucken. Man kann diese Tabletten auch in Apfelspalten verstecken und diese verfüttern. Auch dabei kann es vorkommen, dass besonders vorsichtige Tiere den Apfel essen und die Tabletten wieder ausspucken.

Pulverförmiges oder granuliertes Entwurmungsmittel wird am besten in gut gequollene Rübenschnitzel gemischt und dann verfüttert. Hierbei ist besonderes Augenmerk darauf zu legen, dass das betreffende Tier seine Ration auffrisst.

3.3.3 Ektoparasiten – Außenparasiten

Läuse, **Flöhe**, **Zecken** und **Milben** sind die häufigsten Außenparasiten, die wir bei unseren Lamas antreffen können.

Während Läuse, Flöhe und Zecken mit freiem Auge zu erkennen sind, sehen wir bei Befall von Milben erst die Auswirkungen auf der Haut als Schwellung und/oder Rötung beziehungsweise bereits als Krusten.

Läuse und Haarlinge sitzen direkt auf der Haut und ernähren sich vom Blut ihrer Wirte. Ein starker Befall kann neben star-

Ekto- oder Aussenparasiten leben auf anderen Organismen. Sie dringen nur mit den der Versorgung dienenden Organen in ihren Wirtsorganismus ein und ernähren sich von Hautsubstanzen oder nehmen Blut oder Gewebsflüssigkeit auf.
Beispiele für Ektoparasiten sind blutsaugende Arthropoden (Gliederfüßer) wie etwa Stechmücken, Läuse oder Zecken. Ektoparasiten sind häufig auch Krankheitsüberträger von Erkrankungen wie Malaria oder Lyme-Borreliose.

kem Juckreiz bis zur Auszehrung des Tieres führen. Haarlinge ernähren sich von Haaren und den abgeschuppten Hautteilen. Die etwa 1 mm großen, hellen Eier von Läusen sitzen sehr fest an den Haaren. Wenn Tiere sich sehr häufig kratzen, wälzen oder Haare büschelweise verlieren, ist eine nähere Betrachtung der Ursache notwendig, denn die Behandlung ist unterschiedlich. Bei starkem Befall kann es aufgrund der Unruhe zu Abmagerung oder mangelhafter Gewichtszunahme bei Jungtieren kommen.

Bei stark bewollten Tieren sollten diese vor der Behandlung geschoren werden, um die Wirksamkeit des angewandten Präparates zu erhöhen.

Zecken saugen das Blut ihres Wirtes ein. Bei Auftreten in ausgeprägter Zahl kann dieses Blutsaugen einerseits zur Blutarmut (Anämie) beim Wirt führen andererseits kann aber auch ein Biss sehr gefährlich werden, falls die Zecke mit Krankheitserregern infiziert ist. Es reicht eine mit Borrelien-Bakterien infizierte Zecke aus, um Krankheiten, wie z. B. die Borreliose, auf den Wirt zu übertragen. Diese Erkrankung kennt man in unseren Breitengraden bereits bei Rindern und kleinen Wiederkäuern und sollte bei Symptomen wie Lähmungserscheinungen, unspezifischen Gelenksentzündungen, Appetitlosigkeit oder allgemeiner Unlust differentialdiagnostisch immer in Betracht gezogen werden.

Wichtigste Maßnahme ist daher die schnellst mögliche Entfernung der Zecke(n), wobei das Auffinden der schwierigste Teil dabei ist. Zecken finden am ehesten an den wenig behaarten Stellen Zugang zum Blut und sind daher in erster Linie am Bauch, zwischen den Beinen sowie an den Ohren (auch innen) und im Gesicht zu finden.

Fliegen und **Mücken** sind im Sommer nicht nur für uns Menschen, sondern besonders auch für die Tiere unangenehm. Neben blutsaugenden Arten (z. B. Schaflausfliege), ist die Gefahr von Dasselfliegen, Schmeiß- oder Fleischfliegen, die ihre Eier in die Körperöffnungen oder Wunden der Tiere legen können, nicht zu unterschätzen.

Daneben kann es beim Flug der Insekten zu panikartigen Reaktionen auf der Weide kommen bzw. sogar zu allergischen Reaktionen bei massenhaftem Auftreten von Kribbelmücken.

Diese Insekten legen ihre Eier in Miststätten ab und sind somit immer in unmittelbarer Nähe der Lamas, was diese durch Kopfschütteln oder Reiben des Kopfes im Gras abzuwehren versuchen. Regelmäßiges Entfernen des Mistes, auch von der Weide, kann diese Belästigung reduzieren. Im Unterstand oder Stall kann man Fliegenfallen oder Klebestreifen anbringen, die wenig behaarten Körperstellen der Tiere können mit Fliegen abwehrenden Lotionen (diese sollten aber für den Gebrauch am Tier zugelassen sein) eingerieben werden. Die Anwendung von Nutzinsekten, die die Larven der Fliegen fressen, kann ebenfalls ein sehr probates Mittel zur Reduktion dieser Belästigung sein.

Schließlich können Fliegen und Mücken auch Überträger von gefährlichen Krankheiten sein. Beim Blutsaugen werden Erreger von einem Tier zum anderen übertragen und es können dabei bei günstigem Wind Distanzen von hundert Kilometer und mehr zurückgelegt werden. Die rasche Verbreitung der Blauzungenkrankheit in bisher krankheitsfreien Regionen Nord- und Mitteleuropas ist auf diesen Umstand zurückzuführen.

Neben all diesen mit freiem Auge sichtbaren Ektoparasiten werden Neuweltkameliden oft von Räudemilben befallen, wobei in der Regel erst die sekundären Auswirkungen eines Befalls augenscheinlich werden. Die Hautveränderungen an behaarten oder unbehaarten Stellen fallen auf, die damit verbundenen Haarveränderungen führen zu erheblichen Wollveränderungen und -verlusten. Vier unterschiedliche Milbenarten befallen die verschiedenen Körperpartien der Tiere.

Sarcoptes- oder **Grabmilben** sind die für die befallenen Tiere lästigsten Vertreter, da sie sich in die Epidermis hineinfressen und dort in den Bohrgängen ihre Eier ablegen. Dadurch werden Rötungen, Schwellungen

Borreliose

Blauzungenkrankheit ist eine Viruskrankheit und wird durch Mücken übertragen und Krustenbildungen verursacht. Das wiederum führt zu einem starken Juckreiz. Sie treten in erster Linie an den wenig behaarten Stellen wie Innenschenkel, Brust und Bauch, im Zwischenzehenbereich, im Achselbereich sowie auch am Kopf auf.

Die saugenden *Psoroptes*- **oder Saugmilben** finden sich eher an dicht behaarten Stellen. Sie stechen die Epidermis an und saugen Lymphflüssigkeit ein. Es entstehen dann Hautkrusten an den Schultern über den Rücken bis hin zum Schwanzansatz. Auch die Ohrräude, die den äußeren Gehörgang befällt, wird von dieser saugenden Milbenart verursacht.

Von abgestorbenen Hautschuppen ernähren sich schließlich die *Chorioptes*- **oder Nagemilben**, wobei eine durch ihren Befall verursachte lederartige Hautentzündung, ähnlich wie bei der Sarcoptesräude, an den kahleren Körperpartien, vor allem aber am Steiß und den Extremitäten der Tiere auffällt.

Demodex- oder **Haarbalgmilbe**, die vierte Milbenart kommt bei Neuweltkameliden sehr selten vor.

Diese Parasiten können mikroskopisch mittels sogenanntem Hautgeschabsel diagnostiziert werden.

Sarcoptes- und *Psoroptes*-Milben werden wirksam mit Ivermectin-Injektionen behandelt, zusätzlich dazu sollen äußerlich wirksame Lotionen aufgetragen werden, was bei *Chorioptes*-Milben die einzig wirksame Methode ist.

In jedem Fall ist eine Isolierung der befallenen Tiere vom übrigen Bestand ratsam, da die Milben sehr leicht übertragen werden. Oft kommt es während oder unmittelbar nach Situationen, in denen Tiere übermäßigem Stress ausgesetzt sind, zum Ausbruch von Räude. Einer neuerlichen Infektion beugt man durch Desinfektion der Stallungen und Unterstände vor.

3.4 Impfungen

Neuweltkameliden sind anfällig für eine Anzahl von Infektionskrankheiten. Welche davon in der betreffenden Region gefährlich sein können und wogegen man den Bestand impfen sollte, weiß der zuständige Tierarzt.

Bei der aktiven Immunisierung werden dem Tier Krankheitserreger in abgeschwächter Form oder in geringen Dosen injiziert, wodurch es zu einem Aufbau von Antikörpern kommt und der Organismus bei einer tatsächlichen Infektion mit dem betreffenden Erreger die Krankheitskeime erkennt und mit seinem Immunsystem bekämpfen kann.

Bei der passiven Immunisierung werden die Antikörper direkt injiziert, durch ihre begrenzte „Haltbarkeit" werden diese im Körper allerdings mehr oder minder rasch abgebaut und stehen daher nur für einen kurzen Zeitraum zur Verfügung.

In unseren Breiten häufig durchgeführte Impfungen sind die gegen Tollwut und verschiedene Stämme von *Clostridien*, allen voran Tetanus (*Clostridium tetani*).

Eine Tollwutimpfung ist auf jeden Fall in gefährdeten Gebieten zweckmäßig, da nie sichergestellt sein kann, dass nicht ein

Injektionsorte:
1) Blutabnahme
2) SC Injektionen
3) IM Injektionen

infiziertes Tier in das Gehege eindringt und die dort befindlichen Tiere ansteckt.

Die Impfung gegen Tetanus ist in all den Fällen empfehlenswert, wo ein größeres Risiko von Verletzungen besteht. Das wird vor allem dann der Fall sein, wenn die Tiere relativ häufig außerhalb ihres Geheges unterwegs sind oder wo die Weidefläche so angelegt ist, dass eine Verletzungsgefahr durch Fremdkörper im Weidebereich nicht auszuschließen ist (vor allem herumliegende Drahtstücke von früheren Einzäunungen bergen dabei große Gefahren). Prinzipiell ist bei allen tiefergehenden Verletzungen und gleichzeitig direktem Kontakt mit dem Boden mit einer Infektion durch Tetanussporen zu rechnen.

Clostridien, vor allem jene der Stämme C und D können bei entsprechender Konzentration sowohl das Futter und vor allem auch das Trinkwasser kontaminieren und dadurch eine Infektion der Tiere verursachen. Da davon oft die Jungtiere betroffen sind, wird eine Impfung der trächtigen Stu-

ten etwa zwei Monate vor dem erwarteten Geburtstermin empfohlen.

3.5 Pflegemaßnahmen

3.5.1 Zehenpflege

Neuweltkameliden haben als Schwielensohler stoßdämpfende Knorpelelemente an ihren Fußsohlen, darüber eine Lederhaut und am äußerst vorderen Ende Zehennägel.

Diese Nägel nützen sich auf Stein- oder Betonboden so sehr ab, dass ein Zurückschneiden meist entfallen kann. Für diese natürliche Abnützung ist auch ein harter Bodenbelag vor allem im und um den Eingangsbereich in den Unterstand von großem Vorteil, da die Tiere gerade dort mehrmals am Tag aus- und eingehen. Tiere, die für das Trekking eingesetzt werden oder solche, mit denen häufig Wanderungen auf befestigtem Boden unternommen werden, dürften ebenfalls kaum zu lange Zehennägel haben. Sind Neuweltkameliden jedoch häufig auf eher weichem Boden untergebracht, was oft während der Übergangszeit zwischen Sommer und Winter passiert, muss das Wachstum der Nägel durch regelmäßiges Schneiden korrigiert werden.

Zu lange Zehennägel können zu Fehlstellungen des Fußes führen oder aber das Nagelbett so ungünstig beeinflussen, dass in der Folge die Nägel bereits krumm wachsen. Stark gebogene Zehennägel können allerdings auch genetisch bedingt sein und sind dann durch keine Pflegemaßnahme zu korrigieren. In jedem Fall aber bedeuten zu lange Nägel eine Beeinträchtigung des Wohlbefindens des betreffenden Tieres und sollten daher rechtzeitig geschnitten werden.

Dazu verwendet man am besten eine Gartenschere mit gerader Schneide. Wer noch nie bei einem Lama die Nägel geschnitten hat, lässt sich das am besten von einem erfahreneren Lamahalter zeigen. Von Vorteil für diese Arbeit ist, wenn die Tiere daran gewöhnt sind, dass man ihre Beine berührt

Korrekte Zehennägel

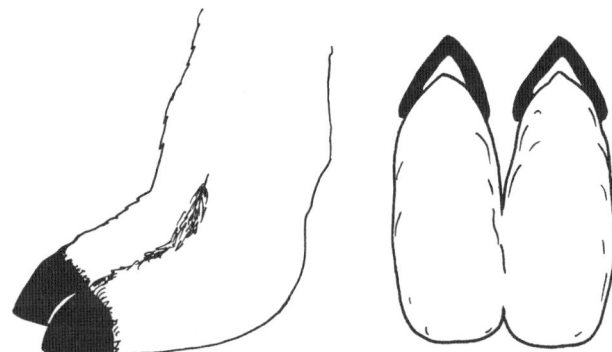

Diese Nägel müssen gekürzt werden

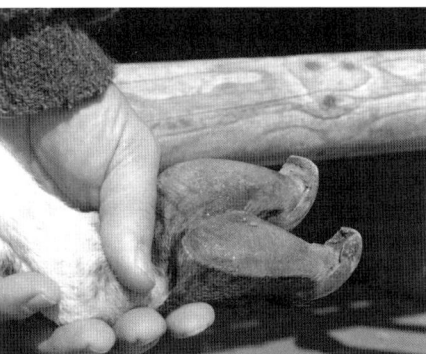

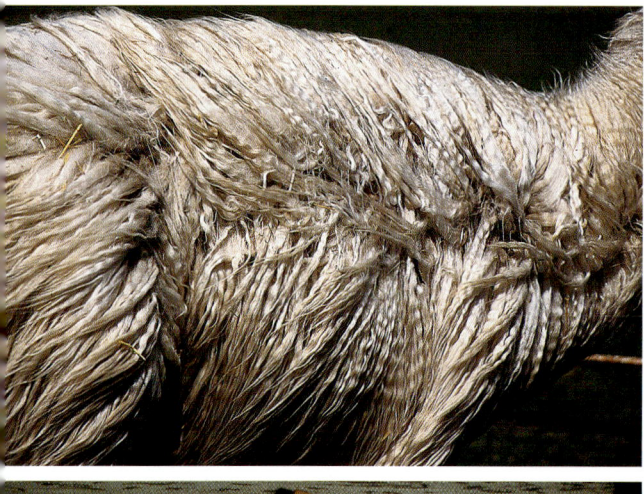

und anhebt. Man bindet das Alpaka oder Lama möglichst kurz an einem gut befestigten Barrenring an oder ein Helfer hält das Tier an der kurzen Leine. Danach streicht man langsam an einem Vorderbein nach unten. Spätestens wenn man am Knie angelangt ist, wird das Lama das Bein nach hinten abwinkeln. In dieser Position hält man es und schneidet die Zehennägel soweit zurück, dass sie mit den Fußschwielen eben sind. Die vorderste Spitze sollte dann noch etwas abgezwickt werden, um ein Einreißen beim Gehen zu verhindern.

Manches Mal kann bei dieser Arbeit eine zu starke Bewollung des Tieres hinderlich sein. In diesem Fall ist es von Vorteil, wenn man, bevor man mit dem Nägelschneiden beginnt, die Wolle im Brustbereich mit einem Stück Stoff oder einem Handtuch nach oben bindet. Bei den Hinterbeinen wird die ganze Sache etwas schwieriger und bedarf meist größerer Kraftanwendung. Oft ist es dabei besser, wenn man nicht am Bein hinunter streicht, sondern dieses gleich über den Fesseln ergreift und dann nach oben hält. Um einem Ausschlagen des Tieres zu entkommen, ist es ratsam, wenn es die Körpergröße erlaubt, das jeweils gegenüberliegende Hinterbein zu nehmen.

Wurden die Nägel schon zu lange nicht geschnitten, passiert es, dass im Schutz des Nagels über den Ballen hinausgewachsenes Gewebe mitgeschnitten wird und die betreffende Stelle zu bluten beginnt. Dies ist nicht weiter beunruhigend. Die Blutung hört nach kurzer Zeit wieder auf, eine Desinfektion dieser Stelle ist vorteilhaft.

3.5.2 Fellpflege

Neuweltkameliden haben als Anpassung an ihre Lebensbedingungen ein besonderes Wollvlies entwickelt, das ihnen das Leben in großen Höhen bei extremen Temperaturschwankungen zwischen Tag und Nacht ermöglicht. Dazu muss ihr Haarkleid innerhalb von 24 Stunden einmal besonders gut kühlen und danach wieder sehr gut wärmen. Sie wechseln das Fell nicht in

Winter und Sommerfell, da die Temperaturbedingungen zwischen diesen Jahreszeiten keine extremen Unterschiede aufweisen. Vielmehr haben sie eine Bewollung entwickelt, die ihren Körper möglichst gut gegen Außentemperaturen isoliert. Die einzelnen Haare sind sehr fein, mehr oder weniger stark gekräuselt und haben einen großen Anteil an Hohlkörpern, sind also feinste Röhrchen. Dadurch ist das Gewicht des Vlieses sehr gering bei gleichzeitig besten Isolationswerten. Heute kennen wir dieses Prinzip aus der industriellen Herstellung von „Hollow Fiber" für bestens isolierende Schlafsäcke und andere Ausrüstungsgegenstände im Outdoor-Bereich. Die wildlebenden Vikunjas und Guanakos verlieren abgestorbene Wollfasern in kleineren Büscheln, sobald ausreichend neue Wolle nachgewachsen ist. Die bei diesen beiden Formen sowie vor allem bei den klassischen Lamas (Ccara Sullo) vorhandenen Grannenhaare sind von diesem Haarwechsel nicht betroffen. Sie bilden eine Schutzfunktion gegen Schmutz sowie gegen Witterungseinflüsse wie Regen und Schnee. Bei den domestizierten Formen, vor allem bei Alpakas, wurde selektiv auf hohe Wollerträge gezüchtet, ein veranlagter Faserwechsel ist hier kaum mehr zu bemerken.

Alpakas und Lamas werden immer als pflegeleichte Tiere angepriesen und sind es auch, wenn man unter anderem auf die

Linke Seite: Wolle
Oben: Die Wolle ist nur so sauber, wie das Umfeld es zulässt.
Mitte: Neuerdings gibt es auch Lamas mit Suri-Faser.
Unten links: Begehrtes Rohmaterial für feine Strickwaren.
Unten rechts: Die Faser von Suri-Alpakas ist besonders fein und glänzend.

Hollow Fiber = Hohlfaser

Outdoor = Freizeitaktivitäten im Freien

Und so wird's gemacht

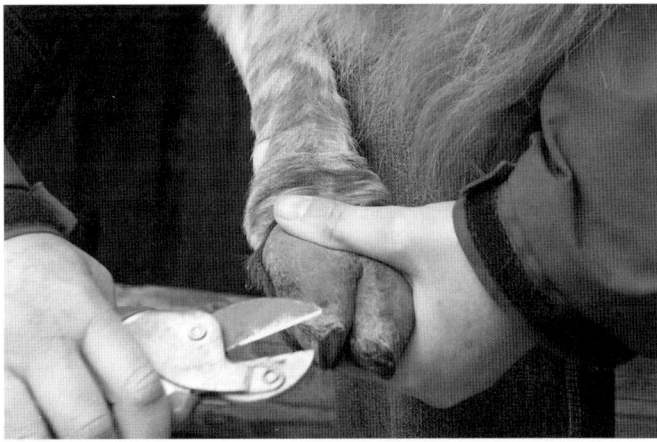

Bedingungen schaut, unter denen diese Tiere bei uns leben. In ihren Herkunftsgebieten leben – abgesehen von den Guanakos, die auch auf Meeresniveau gut gedeihen – alle Neuweltkameliden in eher größeren Höhen. Die Umgebungstemperaturen sind dort meist nicht so extrem wie teilweise in unseren Regionen. Im Sommer sind die Tageshöchstwerte unter unserem Niveau, wobei allerdings die Unterschiede zwischen Tag und Nacht wesentlich extremer sind. Im Winter hingegen herrscht dort Regenzeit und damit gibt es eine fast ständige Bewölkung, die dann für mildere Temperaturen sorgt. Ferner ist auch die Luftfeuchtigkeit in ihren Verbreitungsgebieten wesentlich niedriger als in unseren Breiten. All diese Umstände tragen dazu bei, dass Lamas und Alpakas in Südamerika selbst weniger klimatischen Extremen oder belastenden Bedingungen ausgesetzt sind als in ihren neuen Verbreitungsgebieten. Wenn wir bei uns Kleinkamele artgerecht halten wollen, sollten wir darauf achten, dass diesen Umständen entsprechend Rechnung getragen wird. Dies kann einerseits durch entsprechende bauliche Maßnahmen geschehen, die im Kapitel 2 „Haltung" näher beschrieben sind, andererseits trägt regelmäßiges Scheren vor allem bei Alpakas und bei sehr stark bewollten Lamas wesentlich zu deren Wohlbefinden bei.

Um den Tieren angenehme Bedingungen zu schaffen, müssen sie daher in unterschiedlichen Abständen geschoren werden.

Die Länge der einzelnen Faser spielt eine wichtige Rolle bei der Verarbeitung der Wolle. Sie sollte nicht zu lang sein, da die Verarbeitungsmaschinen nicht darauf eingestellt sind und sie sollte vor allem nicht zu kurz sein, da diese zu kurzen Fasern bei der Verarbeitung als „Verunreinigung" stören.

Alpakas und Lamas zählen in der maschinellen Wollverarbeitung zu den Langfasertieren wobei eine Faserlänge ab etwa 75 mm bei Alpakas und ab etwa 50 mm bei Lamas als Minimum betrachtet wird. Eine Länge über 150 mm ist ebenfalls nicht mehr so günstig für die maschinelle Verarbeitung.

Die Wolle der Tiere kann immer nur so sauber sein, wie es die Umgebung erlaubt. Daher sollte der Tierhalter darauf achten, dass mögliche Verunreinigungen gar nicht erst in die Wolle kommen. Sägespäne als Einstreu sind nicht dazu geeignet, das Wollkleid der Tiere sauber zu halten, da diese sich gerne darin wälzen. Kletten sowie andere lästige Pflanzen sollten beim ersten Auftreten aus den Weiden entfernt werden, damit sie sich nicht weiter ausbreiten. Auch bei Spaziergängen und bei Wanderungen in Wäldern und Waldrandgebieten sollten Sie darauf achten, dass Ihre Tiere nicht durch dichtes Gestrüpp mit Klettenbewuchs gehen, da sie mit der Bewollung an den Beinen alle möglichen Verunreinigungen oder Sämereien mit nach Hause nehmen und in der Weide wieder verlieren.

Bürsten. Viele Lamahalter sind nicht so sehr von den typischen, großrahmigen Gebrauchstieren, sondern vielmehr von den oft kleineren und dafür wesentlich stärker bewollten Tieren begeistert. Da gerade diese Tiere aber durch das Scheren ein wesentliches Merkmal ihrer Erscheinung verlieren, werden solche Typen oft nicht geschoren. Diese Entscheidung kann für die Tiere bei extremer Hitze, verstärkt durch hohe Luftfeuchtigkeit, zu lebensbedrohlichem Hitzestress führen. Zu lange Wolle verfilzt durch abgestorbene Haare leichter, bildet in den körperferneren Teilen gut isolierende Matten und verhindert dadurch einen Temperaturausgleich. Regelmäßiges Bürsten kann sehr viel zum Wohlbefinden der Tiere beitragen, da dadurch die abgestorbenen Haare entfernt werden und der Verfilzung Einhalt geboten wird.

Ein Großteil der Neuweltkameliden verliert im Alter von ungefähr 18 Monaten die Babywolle. Dies beginnt am Hals und setzt sich von dort über den gesamten Körper fort. Das Ausbürsten sollte dann mit dem Ausfallen der Haare am Hals beginnen und ist gleichzeitig eine gute Methode zur Desensibilisierung des Tieres. Durch das Bürsten, beginnend an einer Stelle, an der sich Lamas widerstandslos berühren lassen, gewöhnt man sie an den Kontakt mit Hand und Bürste und kann diesen sehr bald auf alle Körperpartien ausdehnen. Als Bürsten eignen sich solche, die für Hunde Verwendung finden. Kämme mit sehr scharfen Schneiden können bei stark verfilzten Stellen dienlich sein, auch Kuh- oder Pferdestriegel werden mehr oder minder erfolgreich eingesetzt.

Wenn das Ausbürsten, vor allem in Zeiten, in denen die Tiere ohnehin sehr viel Wolle verlieren, intensiv betrieben wird, verbessert man dadurch nicht nur die thermische Regulation der Tiere, sondern erhält auch Wolle, die großteils frei von Grannenhaaren ist und gut weiter verarbeitet werden kann. Auch dabei ist es von Vorteil, wenn man das betreffende Tier vor dem Ausbürsten oberflächlich reinigt, um allzu grobe Verunreinigungen zu vermeiden. Zusätzlich zum Bürsten sollten die Tiere, die der Schönheit wegen nicht geschoren werden, doch wenigstens an Stellen, die der Regulierung der Körperwärme dienen, frei von allzu dichtem Wollbehang gehalten werden. Das sind in erster Linie die Stellen am Übergang von behaarten zu kahlen Körperstellen im Bereich der Schultern und Schenkel.

Waschen. Alpakas und Lamas lieben das nasse Element durchaus. Guanakos schwimmen sehr oft zu den dem Festland vorgelagerten Inseln, auch Alpakas und Lamas baden gerne oder steigen zumindest in ihren Trinkwasserbehälter, wenn es ihnen zu heiß wird. Manchmal schütten sie diesen nur um, um danach auf dem so befeuchteten Platz eine kühle Rast zu genießen.

Es schadet durchaus nicht, wenn man Lamas oder Alpakas gelegentlich wäscht, oft ist dies vor einer Ausstellung oder einem Bewerb gerade bei hellen Tieren sogar notwendig. Dazu beginnt man mit nicht zu kaltem Wasser an den unteren Extremitäten und arbeitet von dort nach oben. Ein zu starker Wasserstrahl sollte dabei unbedingt vermieden werden. Sehr bald merkt man, dass das Wasser ohne Zutun nicht sehr weit in das Wollkleid eindringt. Um auch die tiefer liegenden Schichten entsprechend zu durchnässen, muss man nachhelfen und richtig massieren. Wenn das an einem sehr heißen Tag geschieht, und nur an solchen ist es empfehlenswert, werden die Tiere sehr bald merken, dass es ihnen wohltut und somit ist das Waschen ein weiterer Schritt zur Desensibilisierung.

Ist das Wollkleid erst einmal durchnässt, kann man, um eine gründliche Reinigung zu erreichen, mit Shampoo noch entsprechend nachhelfen. Dieses muss allerdings wieder sorgsam ausgespült werden, was einige Zeit in Anspruch nimmt.

Bevor das frisch gewaschene Lama oder Alpaka jetzt von der Leine gelassen wird, sollte man es auch noch etwas trocknen, da sonst die Gefahr einer neuerlichen und noch größeren Verschmutzung wesentlich erhöht ist. Das geschieht am effizientesten mit einem Staubsauger, der auch einen Anschluss an der Druckseite hat oder mit einem mäßig starken Ventilator, wobei durch den erzeugten Wind auch noch evtl. verbliebene grobe Verunreinigungen herausgeblasen werden.

Wenn man die Tiere an sehr heißen Tagen nur mit dem Gartenschlauch an den Beinen benetzt, um ihnen etwas Abkühlung zu verschaffen, werden sie sehr bald, nur wenn sie jemandem mit dem Wasserschlauch hantieren sehen, herkommen und um eine Dusche betteln.

3.6 Kampfzähne

Die Hengste von Neuweltkameliden entwickeln ab etwa zweieinhalb Jahren Kampfzähne, die im Alter von ungefähr vier Jahren soweit entwickelt sind, dass sie abgeschnitten werden können und auch sollten, um bei Rangkämpfen oder sonstigen Differenzen Verletzungen zu vermeiden. Am Oberkiefer finden wir links und rechts je zwei, am Unterkiefer je eine dieser sehr

Oben: Hengste bilden mit etwa drei Jahren gefährliche Kampfzähne aus

Rechts: Abschneiden mittels Hornsäge

Unten: Entwaffneter Hengst

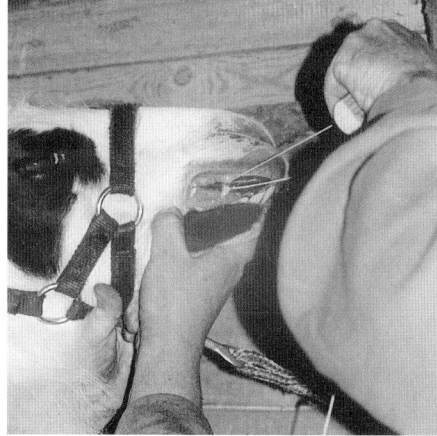

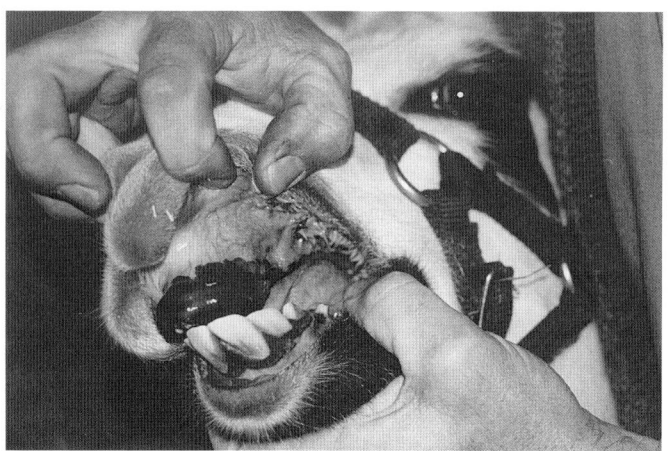

spitzen und scharfen Waffen. Das Entfernen wird mit einer „Hornsäge" sehr schnell und problemlos durchgeführt wobei die Spitzen der Zähne unmittelbar über dem Zahnfleisch entfernt werden. Manche Tiere müssen für diese „Entwaffnung" leicht betäubt werden, andere wieder lassen sie ohne jede medikamentöse Beruhigung über sich ergehen. Für diese Arbeit ist ein Fixieren des Kopfes unerlässlich, was durch Verwendung von zwei Führleinen und Anbinden derselben auf beiden Seiten des Kopfes erfolgt.

Das Entfernen oder Kürzen von Zähnen ist ein Eingriff, der ausschließlich durch Tierärzte oder sachkundige Personen erfolgen darf. In manchen Staaten ist es gänzlich untersagt, in vielen nicht explizit geregelt und in anderen gilt es als Routinemaßnahme, die der Sicherheit bei der Haltung von Tieren dient.

Da diese Zähne in der Regel zwar langsam aber doch wieder nachwachsen, sollten sie im Abstand von einigen Jahren kontrolliert und bei Bedarf wieder gekürzt werden. Bei Hengsten, die sehr früh kastriert wurden, werden die Kampfzähne meist gar nicht oder nicht voll ausgebildet. Ebenso bilden sie weibliche Tiere nur sehr selten aus, und wenn, dann nur ansatzweise und ohne gefährliche Wirkung.

3.7   Kastration

Ob und vor allem in welchem Alter Hengste kastriert werden sollten, stellt so manchen Neuweltkamelidenhalter vor ein Rätsel.

Vom Halter selbst muss entschieden werden, ob ein Tier kastriert werden sollte oder nicht. Nicht alle männlichen Tiere können zur Zucht eingesetzt werden, nicht alle haben die Voraussetzungen, die einen Zuchthengst auszeichnen. Die Kriterien dazu sind zwar in verschiedenen Publikationen definiert und werden bei Tierbeschreibungen oder beim Screening beurteilt, aber der Züchter oder Halter entscheidet selbst über Kastration oder nicht.

Hat der Besitzer des Tieres sich aber wegen der Gruppenkonstellation oder wegen der Zuchtauslese für die Kastration entschieden, stellt sich die Frage nach dem dafür besten Zeitpunkt.

Da die Beendigung der Wachstumsphase der Röhrenknochen unmittelbar mit dem Hormonhaushalt des betreffenden Tieres zusammenhängt, führt eine sehr frühe Kastration (vor Erreichen des ersten Lebensjahres) meist zu einem unproportionalen Längenwachstum der Extremitäten. Gerade Wallache aber werden häufig als Lasttiere für Trekking eingesetzt. Dabei werden ihre Gelenke größeren Belastungen ausgesetzt als die Gelenke der Tiere, die nur auf der Weide stehen. Durch die längeren und geraderen Beine kommt es zu einer Fehlstellung und damit übermäßigen Belastung der Gelenke, was wieder zu größeren Abnützungen der Gelenke führen kann.

Wenn möglich sollte daher eine Kastration nicht vor dem 30. Lebensmonat erfolgen, jedenfalls aber sollte man diesen Schritt so spät als möglich tun. Lediglich bei Gefahr der Fehlprägung eines Tieres durch Flaschenaufzucht oder zu intensivem Umgang mit Menschen in den ersten Lebensmonaten ist eine frühe Kastration, etwa schon mit zwölf Monaten, zu vertreten oder sogar zu empfehlen.

Bei der Kastration selbst sollte das Tier in die Seitenlage gebracht und nach dem Eingriff rasch wieder in sitzender Position stabilisiert werden. Der Kopf sollte hoch gelagert bleiben. Dadurch wird die Gefahr des Eindringens von Mageninhalt in die Lunge auf ein Minimum reduziert. Die Tiere sollten während der Narkose beobachtet und entsprechend betreut werden.

Im Normalfall stehen die Tiere bei nachlassender Narkosewirkung auf und integrieren sich wieder in die Gruppe.

Wird ein bereits geschlechtsreifer Hengst kastriert, sollte dieser nicht sofort in eine Stutenherde integriert werden, da es einige Wochen dauert, bis die restlichen Samenzellen vollständig ausgeschieden oder unfruchtbar sind.

Es dauert auch oft einige Monate, bis der Hormonspiegel derart gesenkt ist, dass das Hengstverhalten nicht mehr sehr ausgeprägt ist.

4 Anschaffung

Irgendwann, irgendwo, genau wissen Sie es vielleicht auch nicht mehr, haben Sie einem Lama oder einem Alpaka tief ins Auge gesehen. Schöne, große Augen sind das, mit sehr langen Wimpern!

Und seither hat Sie die Idee nicht mehr losgelassen, selbst auch solche Tiere zu halten.

Im Normalfall dauert es einige Jahre von dieser ersten intensiven Begegnung bis zu dem Tag, an dem die ersten Tiere im eigenen Gehege stehen.

Schließlich sind Lamas oder Alpakas Tiere, die gewisse Ansprüche stellen, die 20 oder 25 Jahre alt werden können, zu denen man eine ganz besondere Beziehung aufbaut. Daher will deren Anschaffung gründlich überlegt und vorbereitet sein.

Lamas können Ihren Lebensstil positiv beeinflussen und, wenn sie sorgfältig ausgewählt werden, große Freude über viele Jahre bedeuten.

Bevor Sie die ersten Tiere anschaffen (Lamas sind Herdentiere und Einzelhaltung ist laut Tierschutzgesetz nicht erlaubt!), sollten Sie sich umfassend informieren. Lesen Sie Bücher und Fachmagazine, durchsuchen Sie das Internet, besuchen Sie viele Betriebe und stellen Sie viele Fragen. Kaufen Sie **nicht** die ersten Lamas, die Sie sehen und nicht beim ersten Betrieb, den Sie kennenlernen. Erst nach eingehender Information sollten Sie entscheiden, wofür Sie die Tiere einsetzen wollen. Es gibt zu viele unterschiedliche Verwendungsmöglichkeiten und zu viele unterschiedliche Tiere. Nach umfangreicher Information können Sie immer noch das erste Lama kaufen, das Ihnen gefallen hat, wenn es dann immer noch Ihren Ansprüchen entspricht.

Bevor Sie nicht wissen, wozu Sie Neuweltkameliden anschaffen wollen, wie viele Sie haben wollen, welche Art und welchen Typ Sie bevorzugen, können Sie keine zielorientierte Entscheidung treffen.

Für ein Schiff, das sein Ziel nicht kennt, ist jeder Wind ungünstig!
(Aus dem Chinesischen)

Wie bei allen Tiergattungen, werden auch bei Lamas extrem billige bis extrem teure Tiere zum Kauf angeboten. Der Preis allein sagt bei Freizeit- und Hobbytieren noch nicht viel über deren Qualität aus. Ein billiges Tier muss nicht gleichzeitig ein günstiges sein! Ein teures Tier muss nicht unbedingt von bester Qualität sein!

Billige, weil qualitativ minderwertige Tiere sollten nicht zur Zucht eingesetzt werden, man wird mit ihnen immer wieder nur billige Tiere produzieren. Verantwortungsvolle Züchter sorgen gut für ihre Tiere, züchten verantwortungsvoll und produzieren nicht nur Tiere, für die sie keinen Markt finden. Ein gutes Indiz für einen nicht sehr seriösen Züchter, besser gesagt, Vermehrer, ist die Tatsache, dass er viele Fohlen jährlich hat, keines davon trainiert ist, alle ungepflegt aussehen, die Haltung unsauber ist und auf Verlangen keine Aufzeichnungen für die Tiere eingesehen werden können. Kaufen Sie dort keine Tiere, auch nicht aus Erbarmen, dadurch ermutigen Sie diese Leute nur, Tiere weiter zu vermehren.

Seriöse Züchter werden Sie auch nach dem Kauf unterstützen und vielleicht auch für die verkauften Tiere gewisse Garantien anbieten.

Warum sollen Sie trainierte Tiere kaufen?
Auch wenn Sie mit Ihren Tieren nichts Großartiges unternehmen wollen, sollten Sie diese leicht halftern, ihre Beine heben und sie berühren können. Sie müssen Ze-

hennägel schneiden und ab und zu müssen andere Pflegemaßnahmen durchgeführt oder Injektionen verabreicht werden. Lassen Sie sich vom Verkäufer zeigen, wie er das Tier halftert, probieren Sie es selbst, gehen Sie einige hundert Meter mit dem Tier. Wenn das nicht einfach ist, lassen Sie das Tier stehen! Untrainierte Lamas bei untrainierten Besitzern sind eine denkbar schlechte Kombination! Heute werden von erfahrenen Neuweltkamelidenhaltern immer wieder Kurse angeboten, in denen man Grundzüge der Haltung, Pflege und des Trainings für Lamas und Alpakas erlernt. Machen Sie einen Trainingskurs, Sie haben viel mehr Spaß an Ihren Tieren, wenn Sie geschult im Umgang sind.

4.1　Tipps zum Lama-Kauf

4.1.1　Welche Tiere für welchen Zweck?

Haben Sie genaue Vorstellungen, wozu Sie die Tiere einsetzen wollen? Kaufen Sie nicht zwei trächtige Stuten, wenn Sie Trekking-Wallache suchen, nur weil der Verkäufer nichts anderes hat. Nicht jedes Tier ist für jeden Zweck geeignet. Nicht jeder Mensch kann ein Spitzensportler werden und nicht jeder hat das Potenzial für einen Konzernmanager. Genauso sind Tiere nicht nur im äußeren Erscheinungsbild unterschiedlich, ganz wesentlich für den geplanten Verwendungs- oder Einsatzzweck ist auch der Charakter der Tiere. Wenn Sie genaue Vorstellungen von Ihrem Wunschtier haben, lassen Sie sich nicht etwas anderes aufschwätzen, Sie leben dann vielleicht 20 Jahre mit einem Kompromiss!

Trainierte Tiere sind meistens teurer als untrainierte!

Wenn Sie selbst keine spezielle Ausbildung haben, Lamas zu trainieren, werden Sie ein untrainiertes Tier zwar dazu bringen, Ihnen aus der Hand zu fressen, dann aber sind Sie mit unseren üblichen Trainingsmethoden meist am Ende. Lamas

wurden in einer Kultur domestiziert, von der wir kaum etwas wissen, die für uns sehr fremd ist. Sie verhalten sich daher für uns oft fremd!

Wenn Ihnen der Umgang mit Lamas oder Alpakas neu ist und Sie im Umgang mit diesen Tieren untrainiert sind, kaufen Sie keine untrainierten Fohlen!

Kein Pferdefreund würde ein junges, untrainiertes Pferd zum Einstieg kaufen, warum sollte es bei Lamas funktionieren. Das heißt aber nicht, dass Sie untrainierte, ältere Tiere zum Einstieg kaufen sollten. Es gibt Jungtiere, die zumindest halterführig sind, die sich vor Berührungen nicht fürchten und die eine gute Ausgangsbasis für eine erfolgreiche Neuweltkamelidenhaltung bilden.

Lamas oder Alpakas mit korrektem Körperbau sind meistens teurer als solche mit körperlichen Mängeln. Informieren Sie sich über einen korrekten Körperbau. Es gibt sehr unterschiedliche Qualitäten und viele Verkäufer lassen Interessenten verstehen, dass nur sie die besten und schönsten Tiere haben.

Die Neuweltkamelidenvereine haben Qualitätskriterien erstellt, anhand derer auch Anfänger erkennen können, ob ein Tier den Zuchtkriterien entspricht oder nicht. Auch wenn Sie zurzeit nicht an eine Weiterzucht mit Ihren Tieren denken, ist

Lamas sind vielseitig einsetzbar

Lamas sind gesellige Tiere

es vorteilhaft, gesunde Tiere mit möglichst korrektem Körperbau zu kaufen. Schließlich haben Neuweltkameliden eine Lebenserwartung von etwa 25 Jahren, und dieses Alter sollten sie ohne große körperliche Probleme erreichen können.

Starten Sie mit zwei bis drei trainierten Tieren.

Nach einem Jahr kennen Sie die Tiere wesentlich besser als zu Beginn. Sie wissen dann, worauf es bei einem korrekten Körper ankommt, wie unterschiedlich die Charaktere bei den Tieren sind. Dann können Sie den nächsten Schritt tun und weitere Tiere dazu kaufen oder auch mit der Zucht beginnen.

Entscheiden Sie sich für Qualität! Es gibt genug Halter von Neuweltkameliden, die mit billigen Tieren begonnen haben, die sie „nur" zu ihrem Vergnügen halten wollten. Auch diese Tiere vermehren sich und die Nachzucht will dann verkauft werden. Diese Halter haben keine Registrierung für ihre Tiere, die Tiere entsprechen oft in vielen Bereichen nicht dem Zuchtstandard, mit qualitativ minderwertigen Tieren wird immer wieder mindere Qualität produziert.

Lamas können Ihnen viel Spaß bringen. Vergeuden Sie nicht Ihre Zeit mit Tieren, die Sie nicht einfangen und nicht halftern können. Auch wenn sie noch so billig sind,

Sie müssen sie versorgen und pflegen. Warum sollten Sie Ihr gutes Geld für ein Freizeittier ausgeben, an dem Sie wenig oder gar keine Freude haben?

Kann man mit Lamas oder Alpakas Geld verdienen?

Viele Leute haben Alpakas oder Lamas gekauft, nur um damit Geld zu verdienen und viele Anbieter haben die Tiere unter diesem Vorwand verkauft.

Nur ein geringer Anteil aller Neuweltkamelidenhalter betreibt die Haltung und Zucht professionell. Diese Leute haben sehr viel Geld in ihre Herden und in die Infrastruktur investiert und betreiben aufwändige Werbung dafür. Der überwiegende Teil der Tierhalter macht das neben dem Beruf. Man hält Lamas, weil sie Freude machen, weil man Spaß an der einfachen Haltung hat, weil man Freizeittiere für die Familie haben will usw. Und wenn man will, kann man einen mehr oder minder großen Anteil seines Einkommens damit erwirtschaften: In der Zucht, wenn man Tiere züchtet, die am Markt gefragt sind, beim Trekking, wenn man die Tiere als Lasttiere einsetzt und schließlich bei der Verarbeitung der Wolle. Immer ist der gewünschte Erfolg aber mit Arbeit und Zeitaufwand verbunden. Allein die Haltung von guten Zuchttieren bedeutet noch keinen wirtschaftlichen Erfolg. Die Tiere müssen registriert und gekennzeichnet sein, müssen beworben werden, man muss sie auf Ausstellungen präsentieren, sie müssen gut trainiert sein und man sollte immer das anzubieten haben, was der Markt gerade verlangt. Das alles ist Voraussetzung für eine erfolgreiche Tierzucht und jeder Tierfreund wird das gerne machen. Mit Lamas oder Alpakas macht die Arbeit besonders viel Freude, weil diese Tiere eine außergewöhnliche Ausstrahlung besitzen. Trotzdem bedeutet es einen gewissen Aufwand, der bei einer Kalkulation nicht vernachlässigt werden darf.

Bei Trekkingtieren verhält es sich ähnlich wie bei den Zuchttieren: Nur die Anschaffung einer Gruppe von Lasttieren begründet noch nicht den Erfolg als Trekking-anbieter. Dazu braucht man meist eine Transportmöglichkeit, Infrastruktur für die Betreuung der Kunden vor und nach einer Wanderung und vor allem viel Zeit, die man am Weg verbringt. Das ist zwar meist keine große körperliche Anstrengung, erfordert jedoch Zeit, die mit zunehmendem Umfang des Angebotes immer mehr wird.

Die Anschaffung von Alpakas mit bester Wollqualität macht noch keinen Textilbetrieb aus Ihrer Freizeitbeschäftigung. Dazu brauchen Sie auch Vertriebswege oder Betriebe, die aus der qualitativ hochwertigen Rohwolle feine Kleidungsstücke erzeugen. Meist gelingt das mit der geringen Wollmenge nur in Gemeinschaftsproduktion. Allein der Verkauf der geschorenen Rohwolle rechtfertigt nicht die Anschaffung der Wolle liefernden Tiere. Ein nicht zu verachtender Faktor ist allerdings die Möglichkeit, aus Erzeugnissen aus dem eigenen Betrieb edle Fertigprodukte erzeugen zu können, zu denen man einen besonderen Bezug hat.

Wenn Sie Neuweltkameliden als Investment mit hoher Rendite betrachten, kalkulieren Sie immer auch Faktoren wie Krankheiten, Verletzungen, Unfälle und unvorhergesehene Aufwendungen und vielleicht schwankende Absatzmöglichkeiten mit ein.

4.1.2 Wozu schaffe ich Neuweltkameliden an?

Auch die Europäer gewöhnen sich mehr und mehr an Lamas und trotzdem sehen wir uns immer wieder mit der Frage konfrontiert: „Wozu sind diese Tiere gut?" Je mehr man sich mit ihnen beschäftigt, desto mehr wird man über die Verwendungsmöglichkeiten von Lamas erfahren. Sie sind sehr intelligent, neugierig, sanftmütig, aufmerksam, relativ einfach zu trainieren und sehr sozial. Sobald Sie die ersten Lamas selbst besitzen, werden Sie nie mehr nach dem Nutzen der Tiere fragen. Die traditionelle Verwendung von Lamas in ihren Ursprungsgebieten ist ihr Einsatz zum Las-

tentragen. Lamas sind sehr trittsicher und verursachen kaum Trittschäden. Immer mehr Tiere finden auch in Europa Verwendung als Lasttiere, hier vor allem im touristischen Bereich. Selten werden Lamas als typische Lasttiere eingesetzt, bei denen sie Berghütten mit Lebensmittel versorgen, Forstpflanzen in steiles Gelände bringen oder Ausrüstungsgegenstände für verschiedene Aufgaben in unwegsames Gelände transportieren. Eher selten werden sie vor Wagen gespannt, obwohl sie sich dazu bei entsprechender Veranlagung und nur kurzem Training sehr gut eignen. Lamas und Alpakas müssen aber nicht unbedingt einen direkt messbaren Nutzen bringen, sie werden als Freizeit- und Hobbytiere immer beliebter. Daneben liefern sie Wolle in vielen verschiedenen Farben, die viele Alpaka- und Lamahalter zu wunderbaren Produkten verarbeiten. Lamas sind keine idealen Reittiere, obwohl manche Lamahalter Kinder darauf reiten lassen. Sie sind ungefährlich im Umgang, vor allem mit Kindern oder Menschen mit besonderen Bedürfnissen bzw. Handicaps. Sie bringen Freude für die ganze Familie, Lamas begleiten Sie bei Wanderungen oder beim Joggen, erregen Aufsehen bei Kinderpartys und werden immer mehr in der tiergestützten Therapie eingesetzt.

Die kleineren Alpakas begeistern vor allem durch ihr kuscheliges Aussehen. Sie können ebenfalls bei Wanderungen als Begleittiere mitgehen und dabei auch kleinere Lasten tragen, wenngleich sie in ihren Ursprungsländern nicht dazu gezüchtet wurden. Dort gelten sie als Produzenten feinster Wolle. In der tiergestützten Therapie finden häufig auch Alpakas Verwendung, da bei vielen Patienten die Größe ihres Gegenübers eine wichtige Rolle spielt.

Als umgängliche und ungefährliche Tiere eignen sie sich als Weidegesellschafter für viele andere Tierarten. Oft werden Lamas auch als „Schafhirten" eingesetzt, da ihre Neugier bei jeder Veränderung im Umfeld ihre Aufmerksamkeit erregt. Eindringlinge in ihr Territorium werden zuerst neugierig inspiziert und bei drohender Gefahr bekämpft oder zumindest in die Flucht geschlagen. Da Schafherden in erster Linie von streunenden Hunden heimgesucht werden, die den natürlichen Feinden der Guanakos und Vikunjas ähneln, werden diese von den Lamas und da wiederum vor allem von solchen mit etwas mehr Guanako-Blut sofort als Bedrohung erkannt und vertrieben.

Neuweltkameliden sind sehr genügsame Tiere, man muss sie nicht täglich bürsten, sie haben keine Hufe, die beschlagen werden müssen und ihr sanftmütiger und gelehriger Charakter macht sie ungefährlich und sicher auch im Umgang mit Kindern. Selbst wenn man sie nur auf der Wiese hinter dem Haus stehen hat und sich an ihrer Neugierde und an ihren anmutigen Umgangsformen erfreut, rechtfertigt dies die private Haltung von südamerikanischen Kleinkamelen. Auf Weideflächen im alpinen Bereich können Neuweltkameliden gute Arbeit verrichten, da sie durch ihre Schwielen kaum Trittschäden verursachen, die Grasnarbe schonend festigen und zudem das Gras nicht ausreißen, sondern abbeißen. Es gibt immer mehr Grenzertragsflächen, wo eine maschinelle Bearbeitung nicht oder nur sehr aufwendig möglich ist und eine manuelle Bearbeitung zeitlich nicht mehr zu bewerkstelligen ist. Gerade diese Kulturflächen sollten aber zur Erhaltung des Landschaftsbildes offen, also bewirtschaftet bleiben. Neuweltkameliden können dabei in Zukunft eine wichtige Rolle spielen.

Eine weitere Angewohnheit von Neuweltkameliden kommt dem Halter dieser Tiere bei der Pflege des Geheges sehr entgegen: Die Tiere misten in der Regel auf gemeinsamen Kotplätzen, was die Entsorgung entsprechend erleichtert und für die Lamas oder Alpakas ständig eine saubere Weide bedeutet.

4.1.3 Wie viele Tiere brauche ich?

Wenn Sie jetzt festgelegt haben, wozu die Tiere genutzt oder verwendet werden sollen, stellt sich als nächste Frage die nach der Anzahl der anzuschaffenden Lamas oder Alpakas. Neuweltkameliden sind Herdentiere und daher schreibt das Tierschutzgesetz vor, dass sie nur in Ausnahmesituationen einzeln gehalten werden dürfen.

Neben den bereits angeführten zahlreichen Gründen, warum man Lamas oder Alpakas kauft, und einigen Gründen, warum man ein bestimmtes Tier nicht kaufen sollte, gibt es auch noch die unterschiedlichsten Kombinationsmöglichkeiten von Stuten, Hengsten und Wallachen. Im Folgenden seien einige Kombinationsmöglichkeiten aufgezeigt und die möglicherweise daraus resultierenden Probleme, was nicht bedeutet, dass diese unbedingt auftreten müssen. Es ist jedoch in jedem Fall besser, wenn man bereits im Vorhinein weiß, welche Verhaltensweisen auftreten können.

Will man Nachzucht haben, dann braucht man zumindest eine Stute. Ein Lama alleine sollte es aber nicht sein, also müssen zwei angeschafft werden. Naheliegend ist es also, zur Stute einen Hengst zu stellen. Die Stute bringt im optimalen Fall jedes Jahr ein Fohlen zur Welt, im Normalfall zeitlich oft etwas verzögert, sodass sich nach einigen Jahren der Geburtstermin immer näher zum Winter verschiebt und die Stute daher ein halbes Jahr lang nicht belegt werden sollte. Wie bringt man das aber dem Hengst bei, der Jahr und Tag mit der Stute zusammen ist?

Die aus dieser Gruppierung resultierenden Jungstuten müssen, um Inzucht zu vermeiden, mit spätestens einem Jahr abgegeben oder entsprechend getrennt werden, Junghengste werden vom eigenen Vater spätestens beim Deckakt im der Geburt folgenden Jahr aus dem gemeinsamen Gehege vertrieben. Ist das Vertreiben auf Grund des Zaunes nicht möglich, was ja beabsichtigt ist, kommt es zu oft dramatischen Kämpfen mit dem Risiko schwerster Verletzungen. Daher müssen bei der Haltung eines Paares oder mehreren Stuten mit einem Hengst die Fohlen rechtzeitig aus dem Gehege genommen werden, um Komplikationen zu vermeiden.

Wenn man statt einem Paar zwei Stuten anschafft, sieht die Situation völlig anders aus. Es gibt nicht das Problem, dass die Jungtiere ab einem gewissen Zeitpunkt die gemeinsame Weide verlassen müssen, weil der Vater seine Söhne nicht mehr duldet oder seine Töchter belegen würde.

Die Jungen müssen nur von ihren Müttern entwöhnt werden, und zwar frühestens ab dem 7. oder 8. Lebensmonat. Die Entwöhnung sollte nicht zu früh erfolgen. Es gibt Züchter, die ihre Fohlen generell im sechsten Lebensmonat von der Stute trennen, was durchaus einem Alter entspricht, ab dem die Jungen sich schon selbst und allein ernähren können. Nicht alle sind aber bereits eigenständig genug für diesen Schritt. Manche Fohlen haben eine stärkere Bindung zu ihrer Mutter und leiden durch einen zu abrupten Abbruch der Beziehung. Man wird sehr bald merken, wann der Kontakt zwischen Stute und Fohlen etwas lockerer wird und kann dann im für das Tier richtigen Moment die Trennung herbeiführen. Manchmal genügt dazu eine Periode von einigen Wochen, selten kommt es vor, dass ein Fohlen nach mehrwöchiger Trennung von der Mutter wieder zu saugen versucht bzw. die Mutter sich das gefallen lässt.

Bei der oben erwähnten Konstellation hat man den Vorteil, dass man Jungstuten aus eigener Nachzucht behalten kann, da der Hengst frei gewählt und daher entsprechend oft getauscht werden kann. Junghengste beginnen oft schon sehr früh zu decken und es kommt vor, dass ein einjähriges Tier bereits seine eigene Mutter befruchtet. Deshalb sind die nachgezogenen Hengste aus der Gruppe zu entfernen sind.

Ob in der Nähe ein Deckhengst zur Verfügung steht, wie viel dessen Einsatz und der Transport kostet, wie lange er bei den Stuten bleiben kann oder ob man die Stuten zum Hengst bringen muss; all diese Fragen sollte man sich jedenfalls auch rechtzeitig stellen. Da die Stuten am ehesten ab dem 10. Tag nach der Geburt eines Fohlens wieder aufnehmen, sollte die Ver-

Einzelhaltung ist nicht erlaubt

fügbarkeit des ausgewählten Hengstes sowie die Abwicklung des Transportes beziehungsweise die Frage „kommt die Stute zum Hengst oder umgekehrt?" bereits vor dem Geburtstermin geklärt sein, um unnötige Verzögerungen von vornherein auszuschließen.

Will man mehrere Stuten und vielleicht auch mehrere Hengste anschaffen, so müssen die Hengste in jedem Fall von den Stuten getrennt sein, da sonst ständig gefährliche Rangkämpfe zwischen den rivalisierenden Hengsten abgehalten werden. Diese Rangkämpfe kann es aber auch innerhalb der Hengstherde geben, wenn diese räumlich getrennt von den Stuten untergebracht ist. Bei dieser Konstellation kommt es stark auf die unterschiedlichen Charaktere der einzelnen Hengste an. In vielen Betrieben funktioniert die Haltung einer Gruppe von Hengsten in einem Gehege mit etwas Distanz zu den Stuten ganz gut. Klappt das nicht, müssen erwachsene männliche Tiere getrennt gehalten werden. Dabei kann jeder Hengst eine oder mehrere Stuten in seinem Gehege haben, vorausgesetzt, man will die betreffenden

Hengste nie mehr gemeinsam in einem Gehege halten. Außerdem muss der Zaun zwischen diesen Gruppen eher massiv ausgeführt sein, besser ist es, wenn zwischen den Gehegen ein Abstand von einigen Metern ist.

Wenn man Stuten zusammen mit Wallachen halten will, hat man ebenfalls gute Voraussetzungen für einen friedlichen Ablauf. Hierbei ist allerdings Bedingung, dass die Kastration bereits einige Monate, besser ein halbes Jahr zurückliegt, da es relativ lange dauern kann, bis der Hormonspiegel ein Niveau erreicht hat, bei dem ein Wallach einen intakten Hengst neben sich in einer Stutenherde duldet.

Eine weitere Möglichkeit der Lamahaltung ist die Anschaffung von nur männlichen Tieren. Hierbei braucht man die wenigsten Komplikationen zu befürchten und muss lediglich darauf achten, dass die Kampfzähne rechtzeitig gekürzt werden. Immer wieder kommt es bei allen Konstellationen zu Rangkämpfen, am ehesten natürlich in einer Gruppe von Hengsten. Solange keine Stuten in der unmittelbaren Nähe sind, handelt es sich hierbei allerdings meist um eher harmlose Spiele, die bei fehlenden Kampfzähnen sehr selten zu Verletzungen führen. Die Haltung von lediglich zwei Hengsten oder auch Wallachen ist allerdings meist viel unruhiger als eine kleine Gruppe mit drei Tieren. Oft bemerkt man, dass zwei Lamas regelmäßig Streit suchen und sobald ein drittes in der Gruppe ist, wesentlich mehr Ruhe im Gehege herrscht. Es ist nicht zu erwarten, dass sich intakte Hengste im Umgang mit Menschen wesentlich von kastrierten Tieren unterscheiden, oft kommt es allerdings vor, dass man mit seinen Tieren bei Veranstaltungen auf andere Hengste oder Stuten trifft. In diesen Fällen sind Wallache wesentlich ruhiger.

4.1.4 Welche Tiere sind am besten geeignet?

Im Kapitel 6 „Zucht" wird über den Standard, über Zuchtgrundlagen und über genetisch bedingte und andere Mängel informiert. Wenn Sie bereits wissen, wozu die Tiere verwendet werden sollen und wie viele Sie anschaffen werden, stellt sich noch die Frage, welche Tiere diesen Ansprüchen am ehesten gerecht werden können.

Meist ist es ja nicht eine einzige, ausschließliche Nutzungsform, die man anstrebt, wenngleich es Betriebe oder Halter gibt, die ausschließlich an der Gewinnung von Wolle interessiert sind oder andere, die ausschließlich an der Nutzung als Lasttiere Interesse haben. In den allermeisten Fällen begründen mehrere Nutzungsarten, die einander ergänzen, die Neuweltkamelidenhaltung. Oft steht die extensive Nutzung von Grünflächen im Vordergrund. Viele Tierhalter wollen ihre Vierbeiner bei Wanderungen als Begleittiere dabei haben, andere wiederum wollen aus der Wolle exklusive Textilien fertigen. Die meisten Halter sind neben all diesen Annehmlichkeiten auch an einer intensiven Mensch-Tier Beziehung interessiert. Es geht also in den meisten Fällen um eine Kombination verschiedener Einsatz- oder Verwendungsmöglichkeiten. Und hier können Lamas ihr breites Spektrum als universelle Nutz- und Haustiere früherer Zeitepochen zeigen.

Um über die erwartete Lebensdauer möglichst viel Freude an Ihren Tieren zu haben, sollten sie Ihnen gut gefallen. Das allein sollte aber nicht das einzige Kriterium für eine Kaufentscheidung sein. Neben einem gesunden Körperbau, der Voraussetzung für das beschwerdefreie Erreichen eines normalen Lebensalters ist, sollten auch weitere Ansprüche erfüllt werden, die das Erreichen Ihrer Ziele ermöglichen.

Wenn Sie in erster Linie an feiner, luxuriöser Wolle interessiert sind und daneben lebendige, ruhige „Rasenmäher" schätzen, die obendrein überaus lieb anzusehen sind, liegen Sie mit Alpakas genau richtig. Wollen Sie Tragetiere nur für Wanderungen oder planen Sie die Eröffnung eines Trekking-Betriebes, brauchen Sie dazu eher großrahmige, starke und nicht zu wollige Lamas. Sollten Sie eher an Wettbewerben und Shows interessiert sein, sind wieder wolligere Typen mit nicht zu großem Stockmaß gefragt. Interessiert Sie neben der Verwendung als Begleit- oder Freizeittier auch die Verarbeitung der Wolle, so sollten Sie sich nach wolligeren Typen umsehen, die nicht zu viele Grannenhaare haben. Bei diesen Tieren ist es dann wichtig, auf die Rahmenbedingungen innerhalb der Weide und im Unterstand zu achten, da das Wollkleid umso mehr verschmutzt, je weniger Grannenhaare es enthält. Andererseits müssen bei der Wolle von Lamas die groben und geraden Grannenhaare vor der Verarbeitung ausgezupft werden. Bleiben diese in der Unterwolle, so wird die daraus gesponnene Strickwolle durch mangelnden Tragekomfort nicht die Erwartungen erfüllen, die man zu Recht an Lamawolle stellen darf. Stark bewollte Lamas weisen meist einen reduzierten Anteil an Grannenhaaren auf.

Bereits nach der Aufzählung einiger Verwendungsmöglichkeiten kann man erkennen, dass es nicht unbedingt ratsam ist, sofort nach Ausbruch des „Lama-Fiebers" das nächstbeste vierbeinige, langhaarige, großäugige Tier zu kaufen, nur weil es als „Lama" angeboten wird.

4.1.5 Wann kaufe ich meine Tiere?

Vor der Anschaffung von Haustieren informiert sich jeder verantwortungsvolle Mensch umfassend: Es muss die Infrastruktur entweder vorhanden sein, adaptiert oder völlig neu erstellt werden. Das erfordert bei Weidetieren einen gewissen zeitlichen Aufwand. Diese Zeit kann nebenbei dazu genutzt werden, Wesentliches für den Umgang mit den Tieren zu lernen, möglichst viele Tiere anzusehen und eine gewisse Selektion des Angebotes vorzunehmen. Lamas und Alpakas eignen sich nicht als Überraschungsgeschenk, zu welchem Anlass auch immer. Der Beschenkte hat nicht die Möglichkeit einer gründlichen Vorbereitung auf die Tierhaltung und ist mit dem Geschenk meistens bereits nach kurzer Zeit überfordert.

Wenn Sie die Tiere Ihrer Wahl gefunden haben und mit den Vorbereitungen noch nicht fertig sind, wird jeder seriöse Verkäufer dafür Verständnis zeigen und die Tiere so lange auf seinem Betrieb belassen, bis Ihre Arbeiten abgeschlossen sind. Traditionell wird die überwiegende Anzahl an Weidetieren im Frühjahr ver- und gekauft, da die Mehrzahl der Fohlen dann knapp ein Jahr alt und somit verkaufsfähig ist. Außerdem finden die Tiere in ihrer neuen Umgebung saftige Weiden vor, was für den neuen Halter arbeitsmäßig wenig Aufwand bedeutet.

4.1.6 Woher bekomme ich die gewünschten Tiere?

Zu Beginn der privaten Neuweltkamelidenhaltung war es nicht einfach, zum Verkauf angebotene Lamas zu finden und noch wesentlich schwieriger gestaltete sich die Suche nach Alpakas. Bei der jetzt vorhandenen Dichte an Betrieben ist das in fast allen Regionen Europas relativ mühelos zu schaffen. Mit der steigenden Anzahl an Kleinkamelen in privater Haltung ist der Wissensstand über diese Tiere sprunghaft gestiegen, die Qualität der Tiere hat sich teilweise massiv verbessert. Damit ist auch die Preisspanne, in der Lamas oder Alpakas angeboten werden, viel größer geworden. In den neunziger Jahren des vorigen Jahrhunderts wurden teilweise für qualitativ durchschnittliche oder minderwertige Tiere unrealistische Preise verlangt und auch bezahlt. Aufzeichnungen über die Abstammung waren kaum vorhanden oder wurden nicht weitergegeben. Mittlerweile gibt es in vielen Ländern Vereine, die die Registrierung der Tiere vornehmen, damit zumindest Inzucht vermieden werden kann. Zuchttiere werden qualitativ beurteilt und Zuchtziele wurden definiert. Verantwortungsvolle Züchter führen daneben genaue Aufzeichnungen über Abstammung, Anpaarungen, medizinische Vorsorge und ähnliches. Daneben gibt es nach wie vor Halter, die nicht so sehr auf all diese Kriterien achten und es gibt Tierhändler, die über die angebotenen Tiere überhaupt nichts wissen oder nichts preisgeben wollen. Es bleibt Ihnen als Interessent oder Käufer überlassen, wo Sie Ihre Tiere kaufen, Sie müssen sich nur darüber im Klaren sein, welche Ziele sie verfolgen. Informieren Sie sich vor dem Kaufabschluss bei einer Organisation, einem Verein oder Verband.

4.1.7 Wie transportiere ich meine Tiere?

Neuweltkameliden sind sehr einfach zu transportieren. Trotzdem unterliegt der Transport gewissen Grundsätzen und daneben gesetzlichen Bestimmungen und Auflagen. In den Ländern der Europäischen Union gibt es ein vereinheitlichtes Tiertransportgesetz mit dem Ziel des Schutzes von Tieren beim Transport durch Kraftfahrzeuge und Anhänger, Luftfahrzeuge, Schienenfahrzeuge oder Schiffe in Verbindung mit einer wirtschaftlichen Tätigkeit sowie die Festlegung der dabei einzuhaltenden Mindestanforderungen zur Verhinderung der Verschleppung von Tierseuchen.

Meist verfügt der Verkäufer über die für einen Transport notwendige Berechtigung und auch über ein Transportfahrzeug. Vorteilhaft ist, wenn die gekauften Tiere so weit trainiert sind, dass sie ohne größere Probleme in das Transportfahrzeug einsteigen. Lamas und Alpakas lernen das sehr schnell und haben dann wesentlich weniger Stress bei der gesamten Überstellung in ein neues Gehege. Paniksituationen sollten gerade beim Transport vermieden werden und die Tiere sollten nicht völlig verstört und verängstigt beim neuen Besitzer ankommen. Während des Transportes sollten die Tiere nicht angebunden sein, wenn sie nicht ständig beobachtet werden können. Die Gefahr von Verletzungen ist dabei zu hoch. Im Normalfall setzen sich Neuweltkameliden nieder, sobald sich das Fahrzeug in Bewegung setzt. Wenn die Tiere die Möglichkeit haben, vor dem Transport Kot und Harn abzusetzen, werden sie das Transportfahrzeug auch während einer mehrstündigen Fahrt sauber halten.

Neuweltkameliden sitzen gerne beim Transport

4.1.8 Welche Fehler sollte ich vermeiden?

Erliegen Sie nicht dem Charme des erstbesten Tieres. Erst, nachdem Sie viele Tiere bei verschiedenen Haltern gesehen haben, schulen Sie Ihren Blick für die feinen Unterschiede im Körperbau, im Verhalten und in der Tierhaltung. Wenn Sie nach dem Besuch bei mehreren Anbietern immer noch das Tier wollen, das sie als erstes beeindruckt hat, können Sie dieses höchstwahrscheinlich immer noch kaufen.

Überlegen Sie gut, wofür Sie Ihre Tiere einsetzen wollen, was Sie mit Ihnen machen und was Sie von ihnen nutzen können oder wollen. Sie werden sich nicht leicht von einem Tier trennen, das Sie zum Einstieg in die wunderbare Welt der Lamas und Alpakas gekauft haben.

Lernen Sie gehen, bevor Sie zu laufen beginnen. Starten Sie mit einer überschaubaren Anzahl an Tieren, Sie können Ihre Herde danach leichter vergrößern als sie wieder zu reduzieren.

5 Training

Es reicht natürlich aus, Lamas irgendwo in der Nähe Ihres Aufenthaltsortes in einem Gehege zu haben, sie dort zu versorgen und sich an ihrer Anwesenheit zu erfreuen.

Lamas sind aber zu wesentlich mehr fähig als nur herumzustehen. Und manches Mal brauchen sie auch Pflege. Die Zehennägel müssen immer wieder gekürzt werden, die Tiere müssen geschoren und im Krankheitsfall vom Halter oder vom Tierarzt behandelt werden.

Lamas und Alpakas werden nicht als zutrauliche Streicheltiere geboren, sondern müssen erst dazu erzogen werden, vom Menschen gewollte Aktivitäten durchzuführen.

Es gibt sehr unterschiedliche Methoden, Tiere zu trainieren, es gibt dabei auch sehr unterschiedliche Ziele. Die folgenden Ausführungen sollen ein Leitfaden für ein möglichst stressfreies Basistraining sein und dem Leser helfen, grobe Fehler zu vermeiden, die zu einer langfristigen Beeinträchtigung des Verhaltens der Tiere führen können.

Fest steht, dass Lamas, wenn sie nach Methoden trainiert oder abgerichtet werden, die wir bei unseren heimischen Haustieren anwenden, wesentlich langsamer und widerwilliger lernen, als wenn man sie

ihrem Naturell entsprechend „unterrichtet". Dazu gehört zuerst das Verstehen des Begriffes „Fluchttier". Als solches will das Lama bei jeder geringsten sich abzeichnenden Gefahr davon laufen. Um die drohende Gefahr erst einmal wahrnehmen zu können, braucht es vor allem effiziente Augen und Ohren sowie einen gut ausgebildeten Geruchssinn. Ist die Gefahr erkannt, gilt es, möglichst schnell und sicher das Weite zu suchen, wozu kräftige Beine, ein sicherer Tritt und eine schnelle Gangart notwendig sind. All diese Organe und Funktionen sind also für das Überleben in der Natur essenziell und auch die domestizierten Arten der Neuweltkamele sind daher an all diesen Organen oder Körperteilen entsprechend sensibel.

Wenn wir uns das nun vor Augen halten, können wir leicht verstehen, dass sich Lamas besonders im Gesicht, vor allem an den Nüstern, im Augenbereich und an den Ohren, sowie an den Beinen nicht sehr gerne angreifen lassen. Eine Beeinträchtigung all dieser Funktionen würde ihre Fluchtmöglichkeiten stark behindern, vom Wahrnehmen der möglichen Gefahren bis hin zum tatsächlichen Davonlaufen.

Als weitere Grundlage für ein erfolgreiches Training müssen wir uns den Umgang der Lamas untereinander genauer ansehen. Als Herdentiere hat jede Gruppe eine sehr feste Rang- oder Hackordnung. Diese wird bei Bildung einer Gruppe, vor allem bei einer Hengstgruppe, nicht selten durch heftige Rangkämpfe hergestellt. Hierbei können wir die typischen Halskämpfe beobachten, wobei die Tiere versuchen, den Hals des Gegners mit dem eigenen Hals zu Boden zu drücken, durch gezieltes Beißen in die Knie den Kontrahenten zu Boden zu zwingen und diesen schließlich dazu zu bringen, sich zu unterwerfen, was durch unterwürfiges Aufdre-

> Fluchttier, ein Tier, das bei Anzeichen von Gefahr flüchtet. Es geht nicht in den Angriff über, wie z. B. Löwen, sondern sucht sein Heil im Davonlaufen. Fluchttiere sind ständig aufmerksam und ihre Anatomie befähigt sie zu einer erhöhten Wahrnehmung der Umgebung. Augen und/oder Ohren decken oft fast 360° der Umgebungswahrnehmung ab und/oder sind besonders sensibel. Auch durch Witterung nehmen viele Tiere den Geruch eines vermeintlichen Feindes auf.

hen des Schwanzes und gebückte Haltung oder durch sitzen bleiben in defensiver Haltung gezeigt wird.

Stuten legen die Rangordnung in einer Gruppe nicht so sehr durch Kämpfe, sondern vielmehr durch das berüchtigte Spucken fest. Dabei zeigt die Ranghöhere der Unterlegenen unmissverständlich, welchen Platz sie in der Gruppe einzunehmen hat.

Wenn wir diese Verhaltensmuster auch in unser Trainingsprogramm einarbeiten, können wir mit den Lamas auf einer Ebene arbeiten, auf der sie uns leicht verstehen. Setzen wir beim Training dagegen nur auf unsere Überlegenheit durch Wissen, Größe, Schnelligkeit und Kraft, so können wir Lamas zwar gefügig machen, sehr oft machen sie aber das von ihnen Verlangte nur widerwillig oder viel schlechter noch, nur aus Angst oder unterwürfigem Gehorsam.

Wenn wir uns jedoch das ihnen eigene Verhalten zunutze machen, werden wir bei unserer Aufgabe wesentlich schneller ans Ziel gelangen und das Produkt unserer Arbeit sind Tiere, die uns verstehen und die wissen, warum sie eine gewisse Aufgabe erfüllen sollen. Wir haben dann nicht unterwürfige, willenlose Geschöpfe, sondern vielmehr Tiere, die auf der Basis des Vertrauens den Umgang mit uns Menschen nicht fürchten müssen und daher sehr leicht zu „handhaben" sind.

Wer ein bereits trainiertes Lama kauft, sollte sich trotzdem auch Gedanken über das Training machen. Auch ein bereits ausgebildetes Tier will „richtig" behandelt werden, wobei richtig bedeutet, dass man mit den gleichen Kommandos ständig das Gleiche bezwecken will. Mit entsprechenden Grundkenntnissen in Umgang und Training kann man auch selbst rasch erkennen, ob das betreffende Tier nach den jeweiligen Vorstellungen abgerichtet worden ist. Sollte das Tier untrainiert sein, ist es für beide Beteiligte eine große Chance, durch ein gemeinsames Training eine Vertrauensbasis aufzubauen, die sich im gesamten weiteren Umgang positiv auswirkt.

Ein Halftertraining erlaubt es, die Lamas einzufangen, zu halftern und irgendwo fest zu machen. Lamas oder Alpakas werden aber nicht als zutrauliche und zahme Wesen geboren. Sehr viel von dem Domestikationsziel ist in ihren Genen verankert und muss nur wachgerufen werden. Lamas wurden von den Indios dazu selektiert und gezüchtet, für den Menschen Lasten auf ihrem Rücken zu tragen und geduldig mit ihren Besitzern mitzugehen. Wenn Indios Waren zum Markt brachten, mussten ihre Lamas dort oft stundenlang ausharren und warten, bis es wieder zurück in die heimatliche Koppel ging. Sie wurden auch dazu konditioniert, mehrere Tage oder Wochen unterwegs zu sein, wenn es galt Waren über sehr große Distanzen zu transportieren.

All diese Eigenschaften können uns Lama-Besitzern außerhalb der Ursprungsländer viel Freude im Umgang mit den Tieren bringen. Wir müssen die Tiere nur an ihre ursprünglichen Nutzungsarten erinnern. Wenn man weiß, dass die Grundausbildung eines Lamas in ungefähr drei Stunden, aufgeteilt auf einige Tage, abgeschlossen ist, dann wird wohl jeder Halter versuchen, diese Ausbildung auch mit seinen Tieren zu absolvieren. Die Verwendungsmöglichkeiten dieser Haustiere sind vielfältig und können, richtig angewendet, die Lebensqualität ihrer Besitzer nachhaltig positiv beeinflussen.

Viele Lama- oder Alpakahalter nehmen ihre Tiere bei Wanderungen als Begleittiere mit oder setzen sie beim Trekking als Lasttiere ein.

In ihren Ursprungsländern wurden und werden Lamas selten gehalftert, eher tragen sie ein Halsband und das Leittier der Gruppe wird daran an einer Leine geführt. Die landwirtschaftlichen Strukturen in unseren Gebieten erlauben es aber nicht, dass wir mit einer Gruppe von grasenden und überall naschenden Lamas oder Alpakas umherziehen. Daher werden die Tiere bei Wanderungen stets gehalftert sein und meist einzeln an der Leine geführt. Auch das müssen wir ihnen nach dem Halftertraining beibringen.

Lamas und Alpakas gelten zwar in vielen Ländern als landwirtschaftliche Nutztiere, werden aber wesentlich häufiger als Freizeit und Hobbytiere betrachtet und gehalten. Für diese Tiere werden von den nationalen Organisationen Shows und Bewerbe abgehalten, bei denen die Tiere ihre züchterischen Qualitäten oder ihre Geschicklichkeit und Leistungsfähigkeit zum Beispiel beim Überwinden von Hindernissen unter Beweis stellen müssen. Die hohe Lernfähigkeit der Neuweltkameliden macht es für deren Besitzer einfach, sie dazu auszubilden, für Interessenten und Zuschauer gibt es immer wieder Überraschungen ob der Geschicklichkeit der Tiere.

Nun sind Lamas und Alpakas aber bereits vor etwa 7000 Jahren domestiziert worden. Das geschah in einer Kulturepoche, von der uns heute kaum etwas bekannt ist. Die ursprünglichen Bewohner des südamerikanischen Hochlandes hatten keine Schrift, der Großteil ihrer kulturellen Errungenschaften wurde beim Einfall der Europäer vernichtet.

Wir müssen aber mit den Lamas in ihrer Sprache kommunizieren, um verstanden zu werden und um das Training erfolgreich zu gestalten.

Wenn wir Lamas und Alpakas genau betrachten, ihre Umgangsformen innerhalb der Herde kennenlernen, sehen wir, dass sie ein festes Sozialgefüge haben. Dieses wird durch gewisse Aktivitäten hergestellt und bewahrt. Durch spezielle Körper-, Kopf-, Ohren- und Schwanzhaltungen werden verschiedene Befindlichkeiten ausgedrückt. Lamas und Alpakas äußern sich selten lautstark. Schreiduelle gibt es am häufigsten bei Rangkämpfen zwischen zwei, in erster Linie männlichen Tieren. Neuweltkameliden gewinnen unsere Wertschätzung nicht zuletzt durch ihre ruhige, teilweise überlegene oder stolze Ausstrahlung. In genau dieser Art können wir auch am besten mit ihnen kommunizieren.

Wenn Sie sich die paar Stunden Zeit nehmen, um Ihre Tiere zu trainieren, werden Sie danach wesentlich mehr Freude an ihnen haben, die Lamas werden wesentlich mehr Spaß haben, da sie Anforderungen erfüllen „dürfen", die für sie nicht unangenehm sind.

5.1   Halftertraining

Um ein Lama oder Alpaka halftern zu können, muss man ihm erst einmal ziemlich nahe kommen können. Neuweltkameliden sind Fluchttiere und versuchen daher, vor jeder drohenden Gefahr davon zu laufen. Bei Tieren, die von Geburt an nie Kontakt zu Menschen hatten, ist das erste Einfangen sicherlich eine Herausforderung, sowohl für das Tier, wie auch für den Menschen. Die Tiere lernen allerdings auch sehr viel von ihrer Umgebung. Das heißt, dass Lamas oder Alpakas, die in einer gut trainierten, ruhigen Herde aufwachsen, wesentlich ausgeglichener sind als jene aus einer hektischen und nervösen Gruppe.

Ich empfehle daher einem Neuling in diesem Metier, seine ersten Tiere nicht aus einer untrainierten Gruppe zu nehmen. Ein unerfahrener Mensch wird auch nicht sein erstes Pferd aus einer Gruppe von Mustangs fangen, warum also sollte es bei Lamas oder Alpakas wesentlich anders sein? Als Anfänger ist man sicherlich mit einem trainierten Tier besser bedient als mit einem völlig unberührten, auch wenn man dafür etwas mehr bezahlen wird. Immerhin sind Lamas und Alpakas in erster Linie Freizeit- und Hobbytiere und sollten als solche ihren Besitzern nicht Frust und Enttäuschung bringen, sondern Freude und positive Erlebnisse.

Für die Selektion der Tiere bei der Anschaffung sind noch viele andere Faktoren wesentlich, diese werden an anderen Stellen ausführlich behandelt.

Interessenten empfehle ich auch immer, den Tierverkäufer zu bitten, das betreffende Lama in ihrer Gegenwart halftern zu lassen. Dadurch erhält man einen ersten Eindruck über den Ausbildungsstand des Tieres und über die „Umgangsformen" des Züchters oder Verkäufers mit seinen Tieren.

Wenn Sie sich allerdings für ein untrainiertes Tier entscheiden, ist es absolut empfehlenswert, einen Grundkurs für Training und Ausbildung von Neuweltkameliden zu besuchen. Dort erfahren Sie nicht nur, welche Ansprüche die Tiere an Unterbringung, Futter, Weideeinrichtungen und Pflege stellen, sondern erlernen auch die wesentlichen Grundzüge im Umgang und Training derselben. Wenn Sie einmal ein Lama unter fachkundiger Anleitung gehalftert haben oder einem Alpaka die Zehennägel gekürzt haben, werden Sie sich bei Ihren eigenen Tieren schon wesentlich leichter tun.

Wesentlich bei allen Trainingsmaßnahmen ist ein klares Ziel, das Sie sich stecken und das Sie auch dem Tier vermitteln müssen. Wenn Sie selbst nicht wissen, was Sie dem Tier in einer Lektion beibringen wollen, wird es das Lama noch viel weniger durchschauen können. Vergessen Sie auch nicht, jede Trainingseinheit für das Tier positiv zu beenden. Wenn Sie das geplante Ziel nicht erreichen, gehen Sie einen Schritt zurück und beschließen Sie die Einheit mit einer Aktion, die das Tier versteht und auch ausführt oder geschehen lässt. Erst dann lassen Sie das Tier los und zwar erst, wenn es völlig entspannt ist. Sie merken das am besten an der Bemuskelung am Hals und an der Stellung der Beine. Solange der Hals angespannt und verkrampft ist und die Beine angespannt einen Schritt weg von Ihnen tun wollen, sollten Sie das Tier nicht auslassen.

Für die ersten Berührungen eignet sich am besten eine Box mit einer Seitenlänge von etwa drei Metern. Damit ist gewährleistet, dass das Tier eine gewisse Bewegungsfreiheit hat und sich aber nicht soweit von Ihnen entfernen kann, dass Sie ihm ständig nachlaufen müssen. Die Seitenwände sollten aus engmaschigem Gitter bestehen und je nach Temperament des Tieres etwa zwei Meter hoch sein. Manche Tiere versuchen, mit dem Kopf unter das Gitter zu kommen und es dann auszuheben und durchzukriechen. Es sollte keine Fluchtmöglichkeit für das Tier geben, denn in Panik geratene Lamas oder Alpakas überwinden auch extreme Hindernisse. Lassen Sie andere Tiere der Gruppe unbedingt in Sichtweite, das reduziert den Stress des auszubildenden Tieres beträchtlich. Es kann auch ein zweites Tier in der Box sein, wenn es nicht gerade die Mutter des zu trainierenden Tieres ist. Manche Stuten erlauben es ihren Jungen nicht, sich von Menschen berühren zu lassen und werden diesen im Extremfall durch Spucken abzuwehren versuchen.

Um das Tier, das Sie trainieren wollen, in diese Trainingsbox zu bringen, leiten Sie am besten die ganze Gruppe mit dem betreffenden Tier in die Box hinein und lassen die nicht zu trainierenden Tiere wieder raus. Bei Herdentieren ist es fast unmöglich, ein einzelnes auf der Weide von der Gruppe zu isolieren.

5.1.1 Halfter anpassen

Wenn einem Lama oder Alpaka noch nie ein Halfter angelegt wurde, was ja bei einem untrainierten Tier der Normalfall ist, stellt sich als erstes die Frage nach der richtigen Halftergröße. Dabei müssen wir auf die spezielle Anatomie der Neuweltkameliden im Bereich der Nase aufpassen. Hier zeigt sich, dass das Nasenbein in Relation zur langen Nase relativ kurz ist. Neu-

Halfter ist ein Zaum ohne Gebiss

Lamahalfter richtig angepasst

weltkameliden atmen fast ausschließlich durch die Nase. Sie können zwar kurzfristig auch durch den Mund atmen, tun das aber nur in Ausnahmesituationen. Unmittelbar nachdem ein Tier selbst gespuckt hat oder von einem anderen bespuckt wurde, atmet dieses durch den Mund, um der penetranten Geruchsbelästigung zu entgehen. Wenn nun ein Halfter, bei dem der Nasenriemen zu klein bemessen ist, die knorpelige Nasenscheidewand als Fortsetzung des Nasenbeines zusammendrückt, kann das Tier nicht mehr durch die Nase atmen und wird in den meisten Fällen in Panik geraten. Und in diesem Zustand kann man ein Tier nicht trainieren. Auch bei einem Halfter, bei dem der Nasenriemen zu lang ist, besteht die Gefahr, dass das Halfter zu weit nach vorne rutscht und so gleichermaßen die Luftzufuhr durch die Nase unterbindet. Bei einem richtig angepassten Halfter sitzt der Nasenriemen knapp vor den Augen. Somit besteht keine Gefahr, dass die Atmung beeinträchtigt ist und außerdem ist das Halfter damit aus dem Sichtfeld des Tieres.

Ein richtig angepasster Nasenriemen muss aber immer noch genug Platz zum Kauen und auch zum Gähnen bieten. Deshalb sind auch die richtigen Proportionen des Backenstückes und des Nackenriemens sehr wesentlich. Ein zu langes Backenstück

lässt das Halfter am Nasenbein zu weit nach vorne rutschen, ein zu kurzes Backenstück hält den Nasenriemen zu knapp in Augennähe.

Der Nackenriemen soll knapp unter den Ohren sitzen und nicht im oberen Drittel des Halses. Mit zu lockerem Nackenriemen rutscht das Halfter, auch wenn der Nasenriemen richtig eingestellt ist, vor allem beim Fressen auf der Nase nach vorne und kann dort die Nasenscheidewand zusammendrücken. Bei einem richtig eingestellten Nackenriemen ist das Kinnstück so knapp an der Kehle des Tieres, dass die Bewegungsfreiheit des Unterkiefers nur unwesentlich beeinträchtigt ist.

Mittlerweile werden viele unterschiedliche Halftertypen angeboten. Es gibt solche, bei denen das Kinnstück direkt in den Nasenriemen übergeht. Diese Halfter passen ohne Anpassen bei verschieden großen Köpfen, da sie flexibler sind. Sie haben allerdings auch den Nachteil, dass man damit nicht die gute Führung und Kontrolle des Tieres erreicht, wie dies mit Halftern möglich ist, bei denen sowohl der Nasen- als auch der Nackenriemen separat und verstellbar sind.

Probieren Sie nicht mit Ponyhalftern herum, diese sind speziell für Ponys proportioniert und nicht für Lamas! Und Pferde haben eine völlig andere Kopfform als Lamas.

Wenn ein Halfter nicht richtig sitzt, stört es das Tier entweder an den Augen, an der Nase, beim Wiederkäuen, beim Fressen oder beim Gähnen – auch das müssen Neuweltkameliden hin und wieder.

Neben der Passform ist auch das für Halfter verwendete Material qualitativ sehr unterschiedlich. Es gibt billiges Material, das sein Geld nicht Wert ist, da es sehr schnell verschleißt, im UV Licht spröde und brüchig wird und damit ein Sicherheitsrisiko darstellt. Es gibt zu hartes Material, das Scheuerstellen verursacht und es gibt zu schwaches Material, das zu leicht reißt.

Entscheiden Sie sich für mehrfach verstellbare Modelle, damit Sie das Halfter bestens anpassen können.

Ponyhalfter bietet zu wenig Freiraum am Unterkiefer

5.1.2 Halftern

Um ein Lama oder Alpaka halftern zu können, muss es zuerst in eine relativ kleine Box oder Koppel gebracht werden. Ein quadratischer Trainingsstall mit einer Seitenlänge von 3 bis 4 m hat sich als ideal gezeigt. Eine wesentliche Erleichterung dabei ergibt sich durch entsprechende Vorkehrungen
beim Bau des Unterstandes/Stalles und der Errichtung der Einzäunung in dessen Nahbereich. Durch eine wohl überlegte Anordnung von Türen, Toren und Durchlässen, wie in Kapitel 2.2.3 „Zäune" beschrieben, kann man sich einiges an unnötigen Rennereien ersparen.

Will man Lamas von einer großen Koppel in den Paddock locken und schafft man es nicht mit Futter oder anderen Lockmitteln, ist es ratsam, gemeinsam mit einem Helfer und mit Hilfe eines von Person zu Person gespannten Seiles zu versuchen, die Tiere in den Paddock zu bringen. Dabei ist es wichtig, dass man nur dann schnell vorgeht, wenn die Tiere die Absicht durchschaut haben und in Richtung „Eingang" eilen. Dann und nur dann kann man etwas Tempo machen. Sollten sie sich dagegen wehren, muss man den Lamas wieder etwas mehr Platz lassen, um zu verhindern, dass sie in einer ersten Panik versuchen durch das Seil zu entwischen. Dabei ist es immer leichter die gesamte Herde oder Gruppe einzutreiben, als nur wenige oder gar nur ein Tier von der Gruppe zu trennen. Die nicht für das Training vorgesehenen Tiere danach wieder freizulassen ist wesentlich einfacher.

Sind die fürs Training vorgesehenen Tiere erst einmal in dem dafür vorgesehenen Raum, sucht man sich ein Tier aus, mit dem man zu arbeiten beginnt.

Wichtig ist nun, dass man Aufmerksamkeit beim Tier erregt. Wenn das Lama oder Alpaka ständig nur versucht, aus diesem „Sicherheitsgefängnis" auszubrechen, ist es schwer oder unmöglich, dem Tier zu vermitteln, dass man mit ihm arbeiten, trainieren will. Erst wenn der „Schüler" seinen Lehrer wahrnimmt und sich für ihn interessiert, wird er in der Lage sein, auf Aktionen zu reagieren. Der erste Schritt ist eine vorsichtige Annäherung mit erstem Handkontakt am Hals des Tieres. Dabei ist es besser mit dem Handrücken, anstatt mit der Handfläche zu streicheln. Dieser Kontakt wird so weit intensiviert, dass man das Lama mit beiden Händen am Hals streicheln kann und es dabei ruhig stehen bleibt. Erst wenn das Lama entspannt ist, was man an der Halsmuskulatur gut fühlen kann, bewegt man sich nicht zu schnell von ihm weg und vermeidet dabei, dass das Lama weggeht oder sogar davonrennt. Wichtig ist, dass von allem Anfang an der Trainer und nicht das Lama bestimmt, was zu geschehen hat, daher geht immer der Trainer vom Lama weg und nicht umgekehrt. Wenn das Tier entsprechend entspannt ist, wird es stehen bleiben und seinem Lehrer nachschauen.

Manchmal kann es vorkommen, dass ein Lama im ersten Moment steif und angespannt stehenbleibt und den Eindruck erweckt, es ließe alles über sich ergehen, dabei jedoch nur auf den Augenblick wartet, wo die Konzentration des Trainers nachlässt, um dann mit einem kräftigen Satz aus dessen Einflussbereich zu entfliehen. Durch entsprechendes Einfühlungsvermögen und gute Beobachtung erkennt man jedoch vor allem am Gesamtzustand des Tieres, ob es aktiv am Unterricht teilnimmt oder nur auf eine Fluchtmöglichkeit wartet. Diese Übung wiederholt man noch einige Male im Abstand von mindestens 15 Minuten.

Wenn das einigermaßen funktioniert, versucht man, mit den Händen weiter am Hals hinauf zu streicheln, ebenso am Unterkiefer vor in Richtung Maul. Danach nimmt man bei gleicher Vorgehensweise das vorgesehene Halfter in die Hand und berührt damit ebenfalls das Tier. Man muss darauf achten, dass das Halfter bereits ungefähr richtig eingestellt ist, um einen möglichst guten Sitz zu gewährleisten. Ein gutes Lamahalfter sollte zweifach verstellbar sein, und zwar am Nacken und am

Kinn, um an die individuellen Kopfmaße bestens angepasst werden zu können.

Nach einigen Wiederholungen sollte es möglich sein, das in der Größe passende Halfter einige Male über die Nase auf und wieder abzustreifen. Wichtig bei all diesen Versuchen ist jedenfalls auch die eigene Überzeugung, dass das vorgesehene Training mit dem Tier in der geplanten Art durchgeführt werden kann, weil nur dann das Lama auch spüren kann, dass ihm einerseits nichts passiert und andererseits der Trainer mental in der Lage ist, ihm etwas zu lehren.

Ist das Halfter einige Male über die Nase herauf und wieder hinunter geführt worden, gönnt man sich und dem Tier eine Ruhephase von mindestens 30 Minuten.

Beim nächsten Schritt wird das Band um den Nacken gelegt und geschlossen, das Tier weiter ruhig gestreichelt und dann ausgelassen. In einigen Fällen kommt es jetzt vor, dass das Lama durch Kopfschütteln versucht, den Fremdkörper am Kopf loszuwerden. Sehr bald merkt es aber, dass das Halfter doch nicht so störend ist und lässt es sich dann auch wieder abnehmen.

Durch einige Wiederholungen werden die Tiere sehr schnell realisieren, dass ihnen dabei nichts passiert und gewöhnen sich so an das An- und Ablegen des Halfters.

Das Halftern wird hier deshalb so ausführlich beschrieben, da es in vorsichtiger Weise durchgeführt werden sollte. Gerade bei der Gewöhnung an Hilfsmitteln kann für das weitere Training und Handling der Tiere Vertrauen aufgebaut oder zerstört werden. Viele Lamahalter kennen mittlerweile Tiere, die sehr brav an der Leine gehen, Gepäck tragen und auch sonst sehr brave Tiere sind, nur wenn es um das Halftern selbst geht, gibt es immer einen Kampf zwischen Tier und Mensch.

Dieses kopfscheue Verhalten resultiert meistens aus einer falschen Methode, das Halfter anzubringen. Unerfahrene Halter oder auch Leute, die nicht die Zeit dazu haben, legen das Halfter oft an, indem sie das Lama durch einen sogenannten Ohrengriff fixieren oder indem mehrere Personen das Tier fixieren und dann das Halfter mehr oder weniger gewaltsam angebracht wird.

Diese Methode führt oft zu einem nicht mehr wieder gutzumachenden Schaden beim betreffenden Tier. Spätere Besitzer müssen ein Lamaleben lang damit zurechtkommen oder in sehr mühevollem Training das Vertrauen des Tieres wieder gewinnen. Deshalb sollte man auch beim Kauf eines Tieres unbedingt darauf bestehen, dass der Verkäufer das Lama halftert, um so gleich eine Demonstration seines Umganges mit den Tieren zu erhalten.

So haben schwer zu halfternde Tiere dann oft über längere Zeit das Halfter angelegt, was nicht nur eine ständige Verletzungsgefahr, sondern auch eine Beeinträchtigung des Verhaltens mit sich bringt. Lamas kennen sehr bald den Unterschied zwischen der Freiheit, die sie in ihrem Revier ohne Halfter haben und der Pflicht, mit dem Menschen am anderen Ende der Leine zu kooperieren, wenn sie gehalftert und mit diesem unterwegs sind. Diese Eigenschaft bzw. Verständnis der Tiere kann man sich nur dann zunutze machen, wenn die Tiere in ihrem Revier ständig ungehalftert sind und das Halfter tatsächlich nur dann tragen, wenn der Mensch etwas mit ihnen unternimmt.

Zum richtigen Sitz des Halfters muss erwähnt werden, dass der vorderste Teil des Nasenbeins in einen Knorpel übergeht und nicht dazu geeignet ist, das Halfter zu tragen. Deshalb muss dieses relativ knapp vor den Augen sitzen, das Nackenband sollte dabei knapp unter dem Ohransatz zu liegen kommen. Zwischen Kinn und Halfter sollten Sie mit der flachen Hand Platz finden, um dem Tier auch die Möglichkeit zu geben, den Unterkiefer beim Fressen oder Wiederkäuen ohne Beeinträchtigung zu bewegen.

Ist ein Halfter zu groß, besteht die Gefahr, dass das Nasenband zu weit nach vorne rutscht und dann die Atmung durch das Zusammendrücken des knorpeligen Teiles des Nasenbeins schwer beeinträchtigt oder gar gänzlich unterbindet. Das kann zu Panikreaktionen führen, zumindest aber ist das Tier abgelenkt und irritiert und verbindet das Halfter mit einer negativen Erfahrung.

Ist es zu klein, kann das Lama nicht fressen, kauen oder gähnen.

Wenn ein Tier aus irgendeinem Grund über längere Zeit das Halfter trägt, sollte man doch wenigstens regelmäßig kontrollieren, ob dieses auch größenmäßig noch passt, da es sonst sehr leicht zu Scheuerstellen, besonders im Bereich des Unterkiefers kommen kann.

Was hier nicht als Tipp empfohlen wird, sondern wovor eindringlich gewarnt wird, ist neben dem ständigen Tragen des Halfters noch eine weitere weit verbreitete Methode, nicht gut zu handhabende Tiere jederzeit „fangen" zu können: Manche Lamahalter hängen diesen Tieren noch ein kurzes Stück Leine oder, viel schlimmer noch, gar eine Kette an das Halfter, um sie jederzeit mit einem raschen Griff fangen zu können. Diese Methode widerspricht ebenfalls sehr dem ruhigen Wesen der Lamas, stellt durch das Gewicht eine ständige Belastung der Halswirbel dar und birgt ferner eine große Verletzungsgefahr. Bei jedem Einfangen des Lamas mit dieser Methode wird das Tier überrumpelt, um an die Leine genommen zu werden. Damit gibt man ihm aber nicht die Möglichkeit, sich auf die geänderte Situation einzustellen, was für das gegenseitige Vertrauen nicht gerade förderlich ist.

5.1.3 Desensibilisieren

Als Fluchttiere sind Neuweltkameliden äußerst sensibel, was jede Berührung ihres Körpers anlangt. Sie sind zwar sehr neugierig und kommen, auch wenn sie nicht trainiert sind, bis auf sehr geringe Distanz an Menschen oder andere Lebewesen in ihrem Bereich heran. Bei der geringsten Bewegung weichen sie jedoch sofort zurück. Um Lamas zu lehren, diese natürliche Scheu zu überwinden, muss man die Tiere durch regelmäßige Berührungen an fast allen Körperstellen davon überzeugen, dass damit keine Gefahr verbunden ist.

Die erste Phase beginnt schon vor dem Halftern und wird danach intensiviert und auf weitere Körperpartien ausgedehnt. Vom Hals ausgehend streichelt man das Tier am Rücken, an den Körperseiten und später auch an den Beinen. Dies geschieht immer wieder in kurzen Sequenzen. Wenn man mit der Hand an eine Stelle kommt, an der das Tier die Berührung nicht erlaubt, streicht man mit der Handfläche zurück an eine Stelle, wo es die Berührung zulässt. Nach einiger Zeit wandert die Hand wieder an die neu zu gewöhnende Stelle. Besonders wichtig sind dabei Stellen, die man im Umgang mit den Tieren häufig berühren muss, wie der Rücken und Bauch für das Bepacken sowie die Beine für die regelmäßige Pflege der Zehennägel.

Häufig kommt es gerade bei der Gewöhnung an Berührungen der Hinterbeine zu Problemen mit Tieren, die heftig austreten. Man streicht hierbei über den Rücken und dann über den gegenüberliegenden Schenkel weiter nach unten. Dadurch vermeidet man mögliche Verletzungen, sollte das Lama mit zu starkem Austreten reagieren. Wenn auch das nicht funktioniert, versucht man es am besten mit einem Holzstab und lässt diesen nach Möglichkeit am Körper des Tieres, auch wenn dieses austritt. So wird es merken, dass aller Widerstand nichts nützt und nach einiger Zeit davon ablassen.

Neben den Beinen gehört auch der gesamte Kopfbereich zu den sensibelsten Stellen dieser Fluchttiere und sollte daher auch an Berührungen durch Menschenhand gewöhnt werden. Man streicht hierbei sehr langsam vom Hals aufsteigend über den Unterkiefer nach vor bis zu den Lippen und zur Nase. Auch der Mund selbst sollte entsprechend desensibilisiert werden, um später vielleicht notwendige Kontrollen an den Zähnen oder im Mundbereich zu vereinfachen.

Das regelmäßige Bürsten von Lamas oder Alpakas ist ebenfalls eine gute Methode, die angeborene Berührungsangst ganz nebenbei abzubauen. Auch wenn man bei den Tieren im Unterstand oder Stall ist, sollte man die einzelnen Tiere immer wieder mehr oder weniger zufällig an allen Körperstellen, die sich dazu anbieten, berühren. Die Tiere realisieren dadurch, dass mit diesen Berührungen durch Menschenhand keine Gefahr verbunden ist und gewöhnen sich daran.

Eine Prägung von Fohlen in den ersten Lebenstagen durch täglich mehrmaliges Berühren von Menschenhand an sensiblen Körperstellen, besonders auch Heben der Beine, bringt einen großen Vorteil beim späteren Training mit bereits halbwüchsigen oder erwachsenen Tieren. Nochmals sei aber davor gewarnt, besonders Hengste durch falsch verstandene Liebkosungen oder zu intensivem Umgang mit Kindern in fehlgeprägte Tiere zu verwandeln. Sie können später für die gesamte Umgebung zu einer nicht zu unterschätzenden Gefahr werden.

5.1.4 Führen an der Leine

Lamas, und in geringerem Ausmaß auch Alpakas, werden häufig als Begleittiere bei Wanderungen verwendet. Lamas tragen dabei meist einen Packsattel und darauf das Gepäck der sie begleitenden Menschen. Dass sie das willig tun, haben ihnen die Indios in Südamerika vor vielen Tausenden Jahren gelernt. Dazu wurden sie gezüchtet und selektiert. Diese Nutzungsmöglichkeit haben die Lamas so sehr im Blut, dass auch Tiere, die seit vielen Generationen lediglich in Tiergärten und Zoos gehalten wurden, keine großen Probleme damit haben. Es gibt den Ausspruch, dass man Lamas nicht trainieren, sondern nur an ihre ursprünglichen Aufgaben erinnern müsste. Dem kann ich sehr viel abgewinnen und diese Ansicht nur bestätigen.

Nachdem wir das Lama oder Alpaka mit dem Halfter vertraut gemacht haben, folgt der nächste Schritt im Trainingsprozess – das Gehen an der Leine.

Jetzt wird die Bewegungsfreiheit des Tieres erstmals massiv eingeschränkt. Die

Lamas und Alpakas reagieren sehr unterschiedlich auf diese neue Erfahrung. Wenn ein Tier bereits frei mit seiner Mutter, die an der Leine geführt wurde, bei Spaziergängen mitgelaufen ist, so weiß es besser damit umzugehen, als eines, das bisher nur in seinem Gehege gehalten wurde. Wenn man ein junges Lama, das noch von der Mutter gesäugt wird, in deren Gegenwart halftert und dann an einer etwas längeren Leine zusammen mit der Stute aus dem Gehege führt, lernt das Junge sehr bald die Grenzen durch die Leine kennen und ist auch später problemlos an dieser zu führen.

Wurde dieses frühe Training nicht durchgeführt, kommt es bei den ersten Versuchen an der Leine oft zu turbulenten Szenen. Diesen ersten Versuch machen wir ebenfalls in der Trainingsbox. Damit geben wir dem Tier genug Raum, um auszuweichen, müssen ihm aber nicht ständig nachlaufen. Manche fangen sofort an, wild herum zu springen, sobald eine Leine am Halfter befestigt wird. Da heißt es für den Trainer, die Leine locker zu lassen und dem Tier große Bewegungsfreiheit zu geben. Ruhigere Typen bleiben stehen und warten auf die nächste Überraschung. Gerade bei diesen Tieren aber ist große Vorsicht geboten. Oft sind es gerade diese Tiere, die nur auf eine Gelegenheit warten, dass die Konzentration des Trainers nachlässt. Wenn Sie dann nicht darauf gefasst sind und am wenigsten damit rechnen, kann Sie ein wilder Luftsprung am anderen Ende der Leine sehr leicht in eine kritische Situation bringen. Deshalb ist gerade bei neuen Schritten im Training volle Konzentration unbedingt notwendig.

Klinken Sie die Führleine in das Halfter ein und lassen Sie die Leine dann locker. Bewegen Sie das Tier mit Ihren Händen dazu, einen Schritt oder mehrere Schritte in die von Ihnen vorgegebene Richtung zu tun. Ziehen Sie nicht gleich an der Leine, legen Sie eine Hand um den Nacken des Tieres und mit der zweiten halten Sie die Leine gespannt, ohne zu großen Zug auszuüben. Entfernen Sie sich vom Tier erst

weiter weg, wenn es entspannt ist und begriffen hat, dass es auf den Zug an der Leine reagieren sollte. Sobald das Lama einen Schritt in die gewünschte Richtung macht, reduzieren Sie den Zug an der Leine. Das Lama muss begreifen, dass der Zug nachlässt, wenn es ihm folgt.

Wenn das Tier absolut panisch reagiert, gehen Sie im Lehrplan einen Schritt zurück und lassen Sie die Leine weg. Versuchen Sie das Tier mit Ihren Händen dazu zu bewegen, in eine vorgegebene Richtung zu gehen.

Allein mit Ihrer Körperhaltung können Sie ein Lama oder Alpaka nach vorne oder zurück bewegen. Wenn Sie an der linken Seite des Tieres stehen, mit Ihrer Brust etwa auf der Höhe der Schultern des Lamas und die Hände leicht ausstrecken, nicht zu hoch, können Sie durch leichte Drehbewegungen des Oberkörpers nach links eine Vorwärtsbewegung auslösen. Wenn Sie Ihren Oberkörper nach rechts drehen, wird das Tier zurückgehen. Mit

dieser Körpersprache können Sie das Lama dazu motivieren, sich nach Ihren Vorgaben zu bewegen. In einem nächsten Schritt können Sie versuchen, dem Tier die Leine in das Halfter zu klinken und das freie Ende knapp vor den Schultern um den Hals zu legen und können dann versuchen, sowohl nahe dem Halfter und an der Leine am Hals leicht zu ziehen. Vorteilhaft ist es dabei immer, nicht zu versuchen, mit dem Tier von einem ihm angenehmen Platz wegzugehen, sondern dorthin zu gehen.

Dieser Schritt im Training bedarf schon einiges an Einfühlungsvermögen, wenn Sie sich aber genug Zeit dazu nehmen, ist es sowohl für Sie selbst, als auch für das zu trainierende Tier eine gute Möglichkeit, Vertrauen aufzubauen.

Herdentiere suchen ständig nach einem Alpha-Tier, dem sie vertrauen können, das ihnen Sicherheit bietet und dem sie mit Respekt begegnen können. Diese Sicherheit, dieses Vertrauen schätzen die Tiere nicht im Unterstand oder in ihrer gewohnten

Das erste Mal an der Leine

Alpha-Tier = Leittier einer Herde

Umgebung, sondern vielmehr in für sie fremder Umgebung. Beim Wandern in unbekannten Gegenden brauchen sie ein „Leittier", das den Weg kennt, das sie wieder sicher zurückführt und das den Gefahren ausweicht. Zu diesem Leittier müssen wir Menschen uns in der Hierarchie (Rangordnung) der Tiere emporarbeiten. Dieses Vertrauen bauen wir durch Klarheit und Konsequenz in unserer Vorgehensweise auf. Wir müssen versuchen, klare, unmissverständliche Befehle oder Signale zu geben.

Wenn ein Wanderer ständig an der Leine zieht, obwohl das Lama ohnehin brav und gefügig neben oder knapp hinter ihm geht, weiß das Tier nicht, was es machen soll, um den sicherlich unangenehmen Zug an der Leine zu reduzieren.

Der erste Ausgang aus dem angestammten Gehege kann anfangs auch noch einigen Widerwillen hervorrufen. Dieser wird aber sehr bald durch die Neugierde und Aufmerksamkeit der Tiere in fremder Umgebung abgelöst. Haben Sie bereits ein halfterführiges Tier zur Verfügung, nehmen Sie dieses bei den ersten Ausgängen mit, um dem Neuling mehr Sicherheit zu geben.

Diese Spaziergänge mit Auf- und Abhalftern stellen sehr rasch eine gesunde Vertrauensbasis zwischen Tier und Mensch her. Dabei sollte man vermeiden, mit dem Lama oder Alpaka an der Leine in dessen Gehege zu gehen, da dies ja sein Revier ist. Dieses Revier kennt das Tier wahrscheinlich besser als der Mensch und es lässt sich daher dort nicht leicht etwas befehlen. Bei Ausgängen in fremdem Gebiet wird die Neugierde des Tieres geweckt und befriedigt. Das alleine stellt schon eine Belohnung für das „brave" Mitgehen dar.

5.2 Trekkingausbildung

Lamas wurden von den Indios in erster Linie als Lasttiere gehalten und dazu auch selektiv gezüchtet. In der präkolumbianischen Zeit war die Nutzung zu Transportzwecken für das wirtschaftliche Überleben in den andinen Regionen essenziell. Mit der Verbreitung der europäischen Haustiere, vor allem aber später mit der Motorisierung ist diese Hauptnutzung mehr und mehr verdrängt worden. In entlegenen Regionen ist aber auch heute noch ein Warenaustausch ohne Lamas undenkbar. Auch im Tourismus werden Lamas bei Trekkingtouren zu historischen Stätten eingesetzt.

Außerhalb ihrer Ursprungsländer sind Lamas als Transportmittel im täglichen Leben eher selten anzutreffen. Einige Hüttenwirte in den Alpen transportieren Lebensmittel mit Lamas vom Tal auf ihre Berghütten und ersparen sich damit teure Hubschrauberflüge. Hin und wieder werden auch Transporte im unwegsamen Gelände mit Lamas durchgeführt, sie tragen Jungpflanzen bei Aufforstungen oder Ausrüstungsgegenstände bei Vermessungen.

Wesentlich mehr verbreitet ist der Einsatz von Lamas im touristischen Angebot. Heute findet man in Mitteleuropa in fast jeder Region im Umkreis von 50 km einen Anbieter von Lama-Trekking. Hotels in Tourismusregionen kooperieren mit Lama-Haltern und bieten ihren Hausgästen geführte Wanderungen an. Manche Anbieter von „Urlaub auf dem Bauernhof" halten ebenfalls eine kleine Gruppe von Lamas, die als Wanderbegleiter für die Gäste genutzt werden. Dabei beschränkt sich das Angebot nicht nur auf höhere Lagen in den Gebirgsregionen, auch im Flachland lassen Wanderer gerne ihre Rucksäcke von ruhigen tierischen Begleitern tragen. Dabei ist es meist nicht das Tragen des Gepäcks, das die Kunden so sehr begeistert, sondern die Ruhe, die von den Tieren ausgeht und ansteckend wirkt.

Kinder, die zusammen mit Lamas wandern, werden dazu motiviert, bei Schulausflügen oder Wandertagen größere Strecken, d. h., zehn Kilometer und mehr, in einem halben Tag zu gehen. Bei zunehmender Bewegungsarmut der kommenden Generationen gewinnt auch die Motivation, sich zu bewegen, immer mehr an Be-

Transport von
Tauchausrüstung im
Gebirge

deutung. Durch die Beschäftigung mit den Tieren vergessen Kinder ebenso wie Erwachsene die Anstrengungen des Gehens.

Durch die ständig leichte Anstrengung beim Wandern in frischer Luft steigt der Sauerstoffgehalt im Blut über das normale Maß, Botenstoffe wie Serotonin werden vermehrt freigesetzt und regen die Hirntätigkeit an. Wandern ist natürlich auch ohne Begleittiere möglich, aber in der Freizeitindustrie ist das alleinige Wandern oft nicht Motivation genug und es bedarf eines Mediums, das das Wandern interessanter macht. Dazu sind Lamas und Alpakas allein von ihrem Erscheinungsbild schon bestens geeignet. Hinzu kommen noch die ansteckend wirkende Ruhe, die besondere Ausstrahlung und der sanftmütige Charakter.

Für die Verwendung von Lamas zum Tragen von Lasten oder Gepäck müssen diese an einen Packsattel gewöhnt werden.

Lamas haben einen Körper, der sich sehr gut zum Anbringen eines Packsattels eignet. Durch eine kleine Senke hinter dem Widerrist wird ein Verrutschen des Sattels nach vorne verhindert, ebenso durch die starke Taillierung, wobei der hintere der beiden Zurrgurte bereits um den enger werdenden Unterbauch geschnallt wird und dadurch ebenfalls ein Verrutschen des Sattels nach vorne verhindern hilft. Der Brustkorb wird von vorne nach hinten etwas breiter, was in Verbindung mit einem Schultergurt den Sattel in Position hält. Durch die bei einem normalen Ernährungszustand leicht herausragenden Wirbelfortsätze wird ein seitliches Verrutschen des Sattels erschwert, was durch möglichst gleichmäßige Lastaufteilung zwischen linker und rechter Seite ebenfalls reduziert wird.

Schließlich kann man den Packsattel noch mit einem Hüftgurt an einer Vorwärtsbewegung hindern. Oft bleiben Lamas aber einfach stehen, sobald sie einen Druck durch diesen Gurt spüren.

Besonderes Augenmerk ist auf die Passform des verwendeten Sattels zu legen. Die Schulterblätter müssen sich frei bewegen können, ohne am Sattel zu scheuern. Von allergrößter Bedeutung ist auch ein Abstand über der Wirbelsäule zum Sattel. Unter keinen Umständen darf dieser dort aufliegen! Durch Verwendung entsprechend gepolsterter Satteldecken ist ein Abstand von mindestens zwei Zentimeter einzuhalten. Dies ist bei übermäßig gut genährten Tieren wesentlich einfacher als bei solchen in normalem Ernährungszustand. Deswegen sollte man bei jedem Wechsel des Sattels von einem Tier zu einem anderen den Sitz des Sattels genau kontrollieren.

Keinesfalls dürfen scharfkantige Teile des Sattels das Tier berühren, wobei es überhaupt von Vorteil ist, wenn der ganze Sattel so verarbeitet ist, dass weder das Tier selbst noch das aufgeladene Gepäck durch scharfe Ecken oder spitze Teile verletzt oder beschädigt werden können.

Es werden die verschiedensten Typen von Packsätteln angeboten, jeder davon hat sicherlich Vor- und Nachteile.

Grundsätzlich kann man zwischen weichen und harten Sätteln unterscheiden.

Der **weiche Packsattel** besteht meist aus einem flexiblen Teil in der Größe der Satteldecke und wird mit entsprechenden Polsterungen am seitlichen Verrutschen gehindert. Die Packtaschen werden dann mit Schnallen oder Haken an diesem Sattel befestigt. Durch die etwas flexiblere Gesamtausführung muss bei der Verwendung dieses Typs größtes Augenmerk auf die gleiche Lastverteilung gelegt werden. Ferner ist zu beachten, dass nicht das ganze Gewicht am Rückgrat hängen bleibt. Vorteile sind die bessere Anpassungsfähigkeit an die verschiedenen Körperformen und, durch die weiche Ausführung des Packsattels, selten vorkommende Druckstellen.

Ein **harter Packsattel** ist entweder aus Holz, Kunststoff oder Metall gefertigt oder vereint zwei oder drei Materialien. Hierbei gibt es einen fixen Rahmen, der über Druckplatten oder -leisten am Rücken aufliegt. Bei einigen Modellen ist der Winkel dieser Platten zueinander verstellbar, was wiederum eine möglichst genaue Anpassung an den jeweiligen Körper ermöglicht. Die Rahmenteile enden oben in Sattelhörner, in die Rucksäcke oder Taschen gehängt werden können. Bei der Verwendung dieses Typs ist eine Satteldecke unerlässlich, lediglich bei bester Passform und starker Bewollung des Tieres kann man darauf verzichten.

Das Gewicht des Packsattels sollte keine übergeordnete Rolle spielen. Bei einer Beladung des Lamas mit etwa 30 kg ist ein Kilogramm mehr oder weniger an Ausrüstung nicht wesentlich.

Viel wichtiger sind der gute Sitz, die Freiheit der Wirbelsäule und die Verhinderung von Druckstellen.

Hat man den richtigen und in der Größe passenden Sattel gefunden, kann man mit dem Training des Tieres beginnen.

Man beginnt dabei mit entsprechender Vorbereitung des Tieres durch Desensibilisieren an den Körperstellen, die mit dem Sattel oder Tragegestell direkt in Berührung kommen. Dies ist am Rücken sehr einfach und gestaltet sich eventuell, je nach Grad des aufgebauten Vertrauens, am Bauch etwas schwieriger. Mit einigen Wiederholungen sollte es aber möglich sein, das Lama am gesamten Körper ohne allzu starke Reaktionen berühren zu können. Wichtig ist auch, dass der Fellabschnitt, auf dem der Sattel zu liegen kommt, sauber ist. Durch das Suhlen und sich wälzen im Sandbad oder auf anderen Plätzen verunreinigt das Fell von Lamas oder Alpakas. Steinchen oder Holzreste können unter der Last des Gepäcks zu schlimmen Scheuerstellen führen. Säubern Sie deshalb das Fell des Lamas vor allem am Rücken von allen Verunreinigungen, bevor Sie mit dem Satteln beginnen.

Danach legen Sie eine Decke auf den Rücken des Tieres, jedoch nicht, ohne es vorher daran riechen zu lassen. Dadurch geben Sie dem Lama die Möglichkeit, festzustellen, was jetzt plötzlich auf seinen Rücken liegen soll. Wenn Sie unmittelbar nach Auflegen der Decke einige Schritte mit dem Lama gehen, gewöhnt es sich rasch an das neue Gefühl und wird auch nicht viel einzuwenden haben, wenn danach der Packsattel aufgelegt wird. Dabei muss man allerdings mit den Gurten vorsichtig hantieren, denn alles, was das Lama an den Beinen berührt, wird als unangenehm empfunden.

Die Gurte also immer am Sattel obenauf liegen lassen und erst beim Anschnallen selbst, wobei man links vom Tier steht, von der gegenüberliegenden Seite unter der Brust bzw. dem Bauch durchführen. Zuerst wird der vordere Gurt befestigt, danach der hintere und anschließend wird der Schultergurt vorne herum geschlossen. Der Sattel darf nicht zu weit vorne liegen, da er sonst bei der Bewegung die Freiheit der Schulterblätter einschränkt. Wenn der vordere Gurt eine Handbreit hinter dem Ellbogen liegt und der hintere am Bauch, dort wo sich dieser bereits zur Hüfte verjüngt, sollte die richtige Position gefunden sein.

In dieser Phase des Trainings ist es noch nicht notwendig, auch den Beckengurt anzubringen, das Tier sollte aber weiterhin am ganzen Körper desensibilisiert werden, was beim späteren Aufsatteln mit dem kompletten Gurtmaterial hilfreich ist. Ist man eher in flachem Gelände unterwegs, so kann man überhaupt auf die Anbringung des Beckengurtes verzichten.

Beginnen Sie mit dem Aufsatteln nicht vor dem 18. Lebensmonat und belasten Sie den Sattel in diesem Alter nur sehr wenig. Erst ab einem Alter von ungefähr zwei Jahren kann man dem Tier eine Last von 10 bis 15 kg zumuten, die dann schrittweise erhöht wird und erst ab dem dritten Lebensjahr das Maximum von 25 % des Körpergewichtes erreichen sollte.

Sehr athletische und gut trainierte Tiere können bis zu 30 % ihres Körpergewichtes tragen. Dies sollte aber eher die Ausnahme sein und nicht die „Nutzlast" für größere Strecken oder sehr anstrengende Touren darstellen. Das soll nicht bedeuten, dass ein übergewichtiges Tier auch wesentlich mehr tragen wird als ein athletisches, schlankes. Eher wird schon das Gegenteil der Fall sein. Ein ausgewachsenes Lama mit einer Schulterhöhe von 115 bis 120 cm wird, wenn es nicht übergewichtig ist, kaum mehr als 175 kg auf die Waage bringen, eher wird das Gewicht bei 160 kg liegen. Diese Kalkulation ergäbe nach Abzug des Gewichtes für den Sattel eine Nutzlast von etwa 40 kg für ein sehr großes, gut trainiertes Lama. Da diese Tiere aber auch bei uns eher selten anzutreffen sind, erscheint eine maximale Beladung mit 30 bis 35 kg schon eher realistisch und für unsere Begleittiere tragbar.

Die Belastung durch das Gepäck muss auf beiden Seiten gleich schwer sein. Man hilft sich hierbei z. B. mit kleineren Getränkepackungen oder sonstigen Utensilien, die bei Bedarf von einer Seite auf die andere umgepackt werden. Um das jeweilige Gewicht der Packtaschen feststellen zu können, sollte man immer eine kleine Federwaage dabeihaben. Bei zu großem Ungleichgewicht verrutscht der Sattel, was auf den ersten Blick vielleicht gar nicht so offensichtlich ist, für das Lama aber bereits unangenehmen Druck bedeutet. Die Tiere sind diesbezüglich sehr sensibel und bleiben oft stehen, wenn irgendetwas mit der Beladung nicht in Ordnung ist, andere fangen zu summen an, was auch ein Zeichen für verrutschte Beladung sein kann. Es kann aber auch nur heißen: „Ich muss mal".

5.3 Training für Shows und Bewerbe

Sehr bald nachdem mehr Lamas und Alpakas in der privaten Haltung anzutreffen waren, wurden auch Veranstaltungen speziell für diese Tierart abgehalten. Anfangs waren diese Veranstaltungen in erster Linie Versteigerungen. Der Markt war von großer Nachfrage geprägt, aber über Qualitätskriterien war wenig bekannt. Nicht nur in Nordamerika, Australien oder England, sondern auch auf dem europäischen

ren und durch selektive Züchtung signifikant gesteigert. Gleichzeitig wurden körperliche Mängel großteils erkannt und mangelhafte Tiere meist aus der Zucht genommen.

Lamas, die neben der Nutzung als Transportmittel häufig als Freizeit und Showtiere Verwendung finden, wurden nicht nur im Erscheinungsbild anmutiger, auch die Charaktereigenschaften wurden vielfach verbessert.

Tiere, die an Bewerben teilnehmen und dort ihre Leistungsfähigkeit unter Beweis stellen, müssen besonders gut ausgebildet sein. Bei Sportbewerben geht es darum, mit dem Tier an der Leine, eventuell mit Gepäck, eine vorgegebene Strecke zu laufen, die Hindernisse mit unterschiedlichen Schwierigkeitsgraden enthält. Bei diesen Bewerben werden natürliche Hindernisse simuliert, die bei Wanderungen überwunden werden müssen. Da gilt es Treppen hochzusteigen, über Wippen zu balancieren, durch Pfützen oder durch einen Tunnel zu gehen und vieles mehr. All das lässt sich in der Vorbereitung zur Teilnahme derlei Veranstaltungen gut trainieren. Neuweltkameliden überwinden derartige Hindernisse souverän, wenn sie vorher schon einmal die Möglichkeit hatten, dieses zu üben. Jede neue Situation ist allerdings eine Herausforderung für Tier und Mensch. Immer wieder lassen sich die Veranstalter neue Hindernisse einfallen und so steht das gesamte Starterfeld vor unbekannten Situationen. Gerade dann ist es wichtig, eine solide Vertrauensbasis mit dem Tier aufgebaut zu haben, damit es „seinem Alpha-Tier" an der Leine ohne Zögern folgt. Dieses Vertrauen lässt sich bei vielen Wanderungen in unbekanntem Gelände und beim Überwinden neuer Hindernisse in der Natur oder aufgebauter Hürden herstellen und laufend festigen.

Abgesehen von den Sportbewerben gibt es reine Tierpräsentationen, bei denen die Tiere von der Jury nach Körperbaukriterien beurteilt werden. Dazu ist es wichtig, dass die Richter die Tiere auch an sensiblen Stellen anfassen können, da zum Bei-

Verkleidungsbewerbe haben ihren Ursprung in den USA

Festland wurden dabei Preise für die Tiere verlangt und auch bezahlt, die nach heutigem Wissensstand oft in keiner Relation zum Wert der Tiere standen.

Die Entwicklung ist aber sehr rasch vorangeschritten: Bei immer mehr Veranstaltungen wurden auch Show-Bewerbe mit Tierprämierungen abgehalten, was schnell zu einem Qualitätsbewusstsein bei vielen Züchtern geführt hat. Informationen über die Zuchtkriterien, vor allem aber über offensichtliche Mängel, konnten an viele Interessenten weitergegeben werden.

Nach Aufbau von Tierdatenbanken in den einzelnen Ländern, teilweise mit Tierbeurteilung und Zuchtwertfeststellung, ist die Qualität der zur Zucht eingesetzten Tiere wesentlich verbessert worden.

Bei Alpakas wurde die Qualität der Wolle durch Import von hervorragenden Tie-

Tierdatenbanken

spiel auch die Zähne beurteilt werden oder die Wirbelsäule bis zum Schwanzende abgetastet wird. Die vorgeführten Tiere müssen auch an einer angegebenen Stelle ruhig stehen bleiben oder von einem Punkt zum anderen gehen und sollen dabei nicht verkrampft wirken.

All das können Sie Ihren Tieren in kurzer Zeit beibringen. Sehr viel lernen die Tiere auch bei Ausstellungen oder Veranstaltungen abseits ihrer gewohnten Umgebung.

5.4   Transportieren

„Wie man mit einem Lama verreist", könnte man dieses Kapitel in Anlehnung an Umberto Ecco nennen.

Tatsächlich ist es aber wahrscheinlich leichter mit einem Lama als mit einem Lachs zu verreisen. Neuweltkameliden sind neugierige Tiere, sie lernen gerne neue Bedingungen kennen, fühlen sich aber in gewohnter Umgebung am sichersten. Sobald sie einmal begriffen haben, dass es nach einer Fahrt in einem Transporter auch wieder zurück ins Heimatgehege geht, werden sie nicht ungern in ein Fahrzeug einsteigen.

Da es durchaus üblich ist, mit Lamas oder Alpakas Ausstellungen oder Wettbewerbe zu besuchen, bei verschiedenen Veranstaltungen präsent zu sein oder sie auf Wanderungen mitzunehmen, ist es auch notwendig, die Tiere zu transportieren.

Lamas sind für einen problemlosen und einfachen Transport wie geschaffen. Hat man ihnen erst einmal beigebracht, in die verschiedensten Transportmittel einzusteigen, ist das Verreisen mit Lamas durchaus mit dem Transport eines größeren Hundes vergleichbar. Lediglich das Transportfahrzeug muss größer sein. Da sich die Tiere während der Fahrt meist niedersetzen, beeinträchtigen sie die Fahrt selbst kaum und sind auch in sehr leichten, einachsigen Anhängern zu transportieren. Ferner finden Kombis oder Kleinbusse häufig als „Lama-

mobil" Verwendung. Bei der Fahrt selbst ist auf entsprechende Frischluftzufuhr zu achten. Beim Transport im Kombi oder Bus in der kälteren Jahreszeit sollte die Wagenheizung nicht eingeschaltet werden.

Das Einsteigen in Anhänger oder Bus muss gelernt werden, wird aber durch die Neugierde der Lamas entsprechend unterstützt. Bei Anhängern ist meist eine Rampe vorhanden, die auf die Höhe der Ladefläche führt, beim Kombi oder Kleinbus wird diese Differenz meist durch entsprechendes Training überwunden. Während ein Helfer mit der Führleine im Wagen steht und diese straff hält, hilft man durch Anheben der Vorderbeine mit, dem Tier das Gefühl für die Stufe und den fremden Boden zu geben. Auch hierbei sollte man sehr langsam vorgehen, um dem Lama Zeit zu geben, sich auf die neue Situation einzustellen und das Wageninnere auf mögliche Gefahren oder Überraschungen inspizieren zu können. Stets sollte man darauf achten, dass die Beine nicht unter den Wagen rutschen und so das Tier an deren Anheben hindern oder diese sogar verletzt werden. Ist das Lama erst einmal im Wagen oder Anhänger, sollten sofort einige hundert Meter gefahren werden, damit sich das Lama niederlegt und rasch an das Gefühl des Fahrens gewöhnt wird. Danach sollten Sie das Aus- und Einsteigen noch einige Male trainieren und Sie werden sehen, dass es nach einigen Wiederholungen bereits ganz gut klappt.

Während des Transportes sollte ein unbeaufsichtigtes Lama oder Alpaka nie angebunden sein, es könnte sich an der eigenen Leine strangulieren.

5.5   Fahrtraining

Nicht jedes Lama eignet sich gleich gut für dieses Unterfangen und es ist empfehlenswert, ein entsprechend ruhiges und kräftiges Tier auszuwählen. Mit allzu hektischen, vielleicht auch zu jungen Lamas kann eine Ausfahrt zu einem riskanten Abenteuer werden.

Eingespannte Lamas
sieht man (noch?) eher
selten

Fahrgeschirr dient
dazu, Zugtiere
ordentlich einzu-
spannen

Ein Sulky ist ein ein-
achsiges leichtes
Pferdefuhrwerk,
das, meistens in
Leichtbauweise, vor
allem im Pferderenn-
sport bei Trabren-
nen eingesetzt wird

Lamas werden gewöhnlich mit einem Fahrgeschirr, im Wesentlichen bestehend aus Brustgurt, Zuggurt, Zügel und Hinterzeug ausgestattet. Der Brustgurt hält die Stangen in der richtigen Höhe, indem diese nach oben und nach unten verspannt werden. Die Zügel, die links und rechts in einem Ring am Kinnband eines speziellen Fahrhalfters eingehängt sind, werden durch Ösen an der Oberseite des Brustgurtes durchgeführt. Mit dieser Grundausstattung beginnt nun das Training des zum Fahren ausgewählten Tieres, indem es eine Person an einer Führleine wie bei einer Wanderung führt. Eine zweite Person hinter dem Tier, mit den Zügeln in den Händen, verstärkt und kommentiert die Signale, die von der führenden Person ausgehen. Dabei müssen die Kommandos immer mit den gleichen Worten und im gleichen Tonfall erfolgen. Am Anfang wird man sich mit einfachen Richtungsänderungen begnügen, dann stehen bleiben und wieder losgehen, bis das Lama immer mehr auf die Signale von hinten reagiert und schließlich die führende Person nur mehr daneben hergeht und die Führleine zur reinen Sicherung hält. Nach einigen dieser Lektionen wird sich ein Lama, das gute Veranlagung zum Fahren hat, sehr

einfach mit den Zügeln von hinten aus führen lassen.

Der nächste Schritt ist dann das Einhängen des Wagens, zum Training besser noch, das Einhängen eines Sulkys. Diese sind so ausgewogen konstruiert, dass sowohl im leeren wie auch im beladenen Zustand nur sehr wenig Gewicht auf das Lama selbst kommt. Wenn man nun das Lama dazu gebracht hat, einige Male zwischen den Stangen aus- und einzugehen, danach auch rückwärts hineinzugehen, kann man schon die Stange auf einer Seite anheben und den Wagen neben dem Tier einige Schritte mitziehen, um es an die geänderten Bedingungen zu gewöhnen. Dies geschieht natürlich wie bei jedem anderen Training auch, immer wieder mit entsprechenden Pausen, um dem Lama die Möglichkeit zu geben, das Gelernte zu verarbeiten. Oft geht ein einzelnes Lama nicht gerne von der Herde weg und es bewährt sich daher, ein zweites daneben zu führen um einen Gesellschafter dabeizuhaben.

In der Folge werden die Stangen des Wagens beim Brustgurt verzurrt und mit den „Strängen", die am Zuggurt befestigt sind, angehängt. Nach einigen Proberunden wird nun auch das Hinterzeug angelegt, das das Gefährt beim Anhalten oder bei

Bergabfahrten daran hindert, dem Lama in die Hinterbeine zu laufen. Dabei fällt auf, dass Lamas langsamer werden, sobald sie von hinten einen Druck auf die Oberschenkel verspüren.

Man kann sich für dieses gesamte Training einen Zeitrahmen von einigen Wochen oder aber auch nur wenigen Tagen vornehmen. Immer muss der Mensch sich aber der Lerngeschwindigkeit des Tieres anpassen, um für beide einen möglichst stressfreien Ablauf zu gewährleisten.

Vorsicht ist geboten, wenn man sich vom Heimatgehege wegbewegt und nach einer gewissen Distanz umkehrt, da die Gangart heimwärts immer eine wesentlich schnellere als beim Weggehen ist.

Bei einem Sulky kann man nun mit entsprechenden „Waagen", die die unterschiedliche Zugkraft der Tiere ausgleichen, links und rechts ein weiteres Lama dazuspannen und erhält so ein Dreiergespann. Dabei ist der Wagen schmäler als die Gesamtbreite der Lamas und die Gefahr von seitlichen Karambolagen daher gering.

Natürlich kann man auch zwei- oder vierspännig mit kleineren Kutschen oder auch Schlitten fahren. Neuerdings finden auch Geschirre mit Kummet Anwendung und sind bei einigen Ausrüstern erhältlich.

Wenn erst einmal ein Lama zum Fahren trainiert ist, ist es leicht, ein weiteres dazu auszubilden. Man braucht es nur daneben zu spannen und es wird sehr bald lernen, worum es bei der ganzen Sache geht. Sie können auch probieren, gleich von Anfang an mit zwei Tieren zu arbeiten. Eines wird eingespannt, das zweite läuft nebenher und so wird öfters gewechselt, bis beide Spaß an dieser Art von Ausgang finden.

5.6   Therapieausbildung

In jüngster Zeit werden Tiere sehr häufig in der Heilpädagogik oder Therapie (tiergestützte Therapieverfahren) eingesetzt, um bestehende Therapieformen zu verbessern oder zu erweitern. Ausbildungslehrgänge bereiten die Betreuungspersonen auf die Verwendung unterschiedlichster Tierarten zur Unterstützung bei der therapeutischen Behandlung von Menschen mit besonderen Bedürfnissen oder Handicaps vor. Von Hühnern über Hasen, Ziegen, Pferden bis zu Delfinen werden fast alle Haustierrassen sowie einige Wildtiere dafür herangezogen. Es ist leicht verständlich, dass diese besondere Nutzungsform auch vor Neuweltkameliden nicht Halt macht. Durch ihre ruhige Ausstrahlung, ihre angeborene Neugier, ihren sanften Charakter und vor allem mit ihrem weichen Vlies schaffen sie ideale Voraussetzungen für heilpädagogische Behandlungen. Hinzu kommt der immer noch exotische Eindruck, den sie bei vielen Betrachtern erwecken.

Auf diese besonderen Eigenschaften der Tiere reagieren betreuungsbedürftige Menschen oft viel offener als im Umgang mit anderen Menschen.

Lamas und Alpakas, die im heilpädagogischen Einsatz verwendet werden, müssen ganz besondere Eigenschaften mitbringen und sollten dazu auch speziell ausgebildet werden. Sie werden von den Betreuten oft an überaus sensiblen Stellen berührt, sie müssen an ruckartige, schnelle, auch unkontrollierte Bewegungen in ihrer unmittelbaren Umgebung gewöhnt werden. Und sie sollten gelernt haben, das alles über sich ergehen zu lassen, ohne nervös zu werden oder gar in Panik zu geraten.

Zu junge Tiere sollten nicht dazu verwendet werden, da sie in ihrem gesamten Verhalten meist unruhig und oft unberechenbar sind. Gerade im Alter von ein bis etwa drei oder vier Jahren durchlaufen auch Lamas und Alpakas Entwicklungsphasen, die in Stresssituationen zu einem Risiko für ihr unmittelbares Umfeld werden könnten.

Wenn sie mit Ihren Tieren einen Einsatz in der tiergestützten Therapie planen, sollten Sie diese besonders gut desensibilisieren und intensiv mit allen möglichen Überraschungs- und Störfaktoren vertraut machen.

Waage = Stange, die die beiden Sielscheite mit dem Wagen verbindet (Sielscheit = Stange, an der die Stränge mit dem Wagen (oder der Waage) verbunden sind)

Bei tiergestützten Therapieverfahren werden z. B. Lamas als Begleittiere in einen entwicklungsfördernden, pädagogischen oder therapeutischen Prozess eingebunden

Es gibt Eignungsprüfungen für viele Tierarten, die in der Therapie eingesetzt werden. Die Neuweltkamelidenvereine haben Richtlinien für derartige Prüfungen erarbeitet und unterstützen ihre Mitglieder in der Ausbildung der Tiere.

Genauso wie nicht jedes Lama oder Alpaka von seiner Veranlagung dazu geeignet ist, schwere Lasten zu tragen oder feinstes Vlies zu produzieren, ist auch nicht jedes Tier für den Einsatz in der tiergestützten Therapie uneingeschränkt geeignet.

5.7   Fehler beim Training

Beim Training von Tieren kann sehr viel falsch gemacht werden, nicht alle begangenen Fehler können später wieder korrigiert werden.

Ein untrainiertes Tier in Obhut eines untrainierten Menschen ist keine ideale Voraussetzung für ein erfolgreiches Training.

Lamas und Alpakas können von ihrer natürlichen Veranlagung her sehr viel von dem, was wir Menschen von ihnen verlangen oder erwarten. Es geht im Umgang mit den Tieren und beim Training mit ihnen in erster Linie darum, den Tieren klar und unmissverständlich zu vermitteln, was wir von ihnen wollen.

Schaffen Sie Klarheit, setzen Sie Ziele, die erreichbar sind.

Beginnen Sie mit dem Training bei sich selbst und trainieren Sie dann die Tiere.

Versuchen Sie nicht, die Tiere mit Kraft, Schnelligkeit oder Leckerli zu überlisten. Damit können Sie Lamas und Alpakas einige Male überlisten, jedoch nicht dazu ausbilden, mit Ihnen oder für Sie zu arbeiten.

6 Zucht

6.1 Grundlagen – Standard

Die Zucht der Kleinkamele stand im präkolumbianischen Südamerika in ihrer Hochblüte. Zuchtwarte wussten durch selektive Zucht über viele Jahrhunderte oder Jahrtausende wahrscheinlich wesentlich mehr über Zuchtkriterien als wir heute vermuten können. Bei Alpakas war die Wolle das erklärte Zuchtziel: Sie sollten feines Vlies mit starker Kräuselung in einheitlicher Farbe produzieren. Lamas waren als Transportmittel unverzichtbar: Sie wurden darauf selektiert, tage- oder wochenlang mit den Menschen mitzugehen und dabei Lasten zu tragen.

Beide Arten brauchten ein gesundes Fundament, d. h., korrekt gebaute Beine und einen gut proportionierten Körper, um diese Leistungen über viele Jahre zu erbringen.

Diese ursprünglichen Nutzungsarten waren für die Kleinkamele außerhalb ihrer Ursprungsgebiete lange Jahre nicht wesentlich. Erst mit der stärkeren Verbreitung von Lamas und Alpakas in privater Haltung werden diese Nutzungsformen wieder vermehrt beachtet und geschätzt, in der Tierzucht wird wieder stärker darauf Wert gelegt.

Neben den Nutzungsarten als Lieferant wertvoller Wolle oder als Träger von Lasten im unwegsamen Gelände, stehen bei Freizeit- und Hobbytieren aber immer auch der Charakter und das Wesen stark im Vordergrund. Erst bei intensiver Beschäftigung mit den Tieren lernen viele Tierhalter, dass die Tiere in ihrem Charakter starke Unterschiede zeigen.

Dieses Wissen fließt mehr und mehr in die Zuchtkriterien mit ein und so kommt es, dass viele Neuweltkameliden, die heute gezüchtet werden, wesentlich umgänglicher sind, als es deren Vorfahren vor einigen Generationen noch waren. Gleichzeitig steigt auch das Wissen und die Erfahrung der einzelnen Tierhalter im Umgang und im Training mit den Tieren, was wiederum zu besser ausgebildeten Neuweltkameliden beiträgt.

Die Neuweltkameliden-Vereine aus Deutschland, der Schweiz und aus Österreich haben in den neunziger Jahren des letzten Jahrhunderts einen Standard sowohl für Lamas als auch für Alpakas erstellt.

Darin ist der Körperbau in allen wesentlichen Details schematisch dargestellt und beschrieben, sowohl in idealer und wünschenswerter Form, als auch in Abweichungen vom Ideal.

Neuweltkameliden-Vereine

Vlies = zusammenhängende Wolle

6.2 Beschreibung – Screening

Zusätzlich zu den festgelegten Standards wurde eine Tierbeschreibung eingeführt. Speziell geschulten Personen wird damit ermöglicht, für jedes Tier bei jedem definierten Körperbaumerkmal festzuhalten, wie groß die Abweichung vom Ideal ist.

Mit dieser Beschreibung kann eine möglichst objektive Beurteilung des Körperbaus eines Tieres erfolgen. Für die Zuchtorganisationen schafft das einen Überblick über den Qualitätsstandard der betreuten Population und gibt dem Tierhalter Aufschluss über die Qualität seiner Zuchttiere. Der Käufer oder Interessent kann damit die Qualität der angebotenen Tiere objektiv vergleichen.

Für viele an der Lama- oder Alpakahaltung Interessierte ist es ohne dieses Instrument sehr schwierig, meist unmöglich, Qualitätsunterschiede zwischen einzelnen Tieren festzustellen. Dies ist umso schwieriger, als die zur Auswahl gelangenden

Population = Gesamtheit der an einen Ort vorhandenen Individuen einer Art

Tiere meist nicht zur gleichen Zeit am gleichen Ort sind und daher eine direkte Gegenüberstellung nicht möglich ist.

Beim Screening, einer anderen Qualitätskontrolle von Zuchttieren, werden die Tiere auf Körperbaumerkmale untersucht, die bei Zuchtorganisationen zum Zuchtausschluss führen. Liegen keine Mängel vor, besteht das betreffende Tier diese Qualitätskontrolle. Über Abweichungen vom Ideal, die nicht zum Zuchtausschluss führen, gibt dieses System allerdings wenig Aufschluss.

6.2.1 Zuchtziele

Ein zielbewusster Lama- oder Alpakahalter sollte bereits bei der Anschaffung seiner Zuchttiere ein gewisses Zuchtziel vor Augen haben. Nur mit diesem Ziel lässt sich schon bei der Auswahl der Tiere eine gewisse Vorselektion durchführen, die schneller zum erwarteten Erfolg führt als mit undefinierten Vorgaben. Dieses Zuchtziel hängt davon ab, was der einzelne Halter mit seinen selbstgezogenen Tieren vor hat.

Werden Zuchttiere in erster Linie zum Verkauf von Nachzucht angeschafft, so ist es wichtig, den Geschmack des Marktes zu treffen. Dieser aber unterliegt einem ständigen Wechsel und es ist fast unmöglich, diesen Geschmack immer zu treffen. Da der „Produktionszyklus", d. h., die Zeit vom Deckakt bis zum möglichen Verkauf des Jungtieres, bei einem Lama ungefähr zwei Jahre dauert, wird man leicht dem Trend hinterherhinken. Deshalb ist es besser, sich ein Ziel vorzugeben, das zu erreichen, züchterische Freude bereitet und dessen Produkt sicher einen Platz am vielfältigen Markt findet.

Sollten Lamas als das gezüchtet werden, was ihrer ursprünglichen Verwendung in ihren Herkunftsländern entspricht, nämlich als robuste, großrahmige und athletische Lasttiere, wird dafür immer ein Markt vorhanden sein, vielleicht nicht gerade im höchstpreisigen Segment, sehr wahrscheinlich aber bleibt die Nachfrage nach derartigen Tieren eher konstant.

Bei der Züchtung von reinen Show-Tieren kann der Trend sehr schnell wechseln, da bekanntlich immer das gefragt ist, was selten ist. Gefällt so ein seltener Typ besonders, werden sehr viele Züchter versuchen, diesen zu produzieren, womit in wenigen Jahren das Angebot vielleicht die Nachfrage bei Weitem übersteigt.

In der Tierzüchtung spielt immer auch eine gewisse Portion Glück eine große Rolle. Durch dieses züchterische Glück hat auch der Halter von kleineren und kleinsten Beständen die Möglichkeit, Tiere hervorzubringen, die ihrer Zeichnung oder ihrer allgemeinen Vorzüge wegen Aufsehen erregen werden. Gerade bei Neuweltkameliden ist dieses Zufallsprodukt wegen der meist nur über wenige Generationen bekannten Vorfahren leicht möglich und jede neue Anpaarung ist für eine Überraschung gut.

In jedem Fall ist die Wartezeit während der Trächtigkeit wegen des ungewissen Produktes allein schon hinsichtlich Farbe und Zeichnung für den Züchter sehr spannend.

Man muss sich auch bei der Zucht von Lamas und Alpakas damit abfinden, dass man die sprichwörtliche „Eierlegende Wollmilchsau" nicht produzieren wird können und nicht mit jedem Tier der Geschmack eines jeden Interessenten getroffen werden kann.

Viel schwieriger als beim Alpaka, bei dem doch in erster Linie die Erzielung eines qualitativ und quantitativ hochwertigen Wollertrages im Vordergrund steht, ist die ganze Sache beim Lama. Hier gibt es eine weit größere Streuung der Interessen und Geschmacksrichtungen. Allein schon die Zeichnung oder Färbung lässt für viele Interessenten den Kreis der in die engere Auswahl kommenden Tiere sehr klein werden. Es gibt aber für fast jedes Tier einen Käufer, der gerade dieses sucht, man muss diesen nur finden. Das wiederum ist mit der heutigen Technologie bei weitem nicht mehr so schwierig, als noch vor wenigen Jahren.

6.2.2 Genetisch bedingte Mängel

Neben diesen Vorgaben und Zielen sollte jedoch immer der gesunde und richtig proportionierte Körperbau ein wesentliches Kriterium sein. Durch eine zu einseitige Konzentration auf nur wenige Eigenschaften oder gar nur ein Merkmal kann es sehr schnell zu einer allgemeinen Qualitätsminderung kommen. Deshalb ist es für einen Züchter, der seine Sache ernst nimmt, keine Frage, Paarungen, die kein befriedigendes Ergebnis gebracht haben, nicht zu wiederholen. Auch sollten Tiere, die genetische Mängel zwar nicht selbst zeigen, aber auf ihre Nachkommen übertragen, aus der Zucht genommen werden. Gerade das ist oft schwer zu verstehen, wenn jemand eine Stute als Zuchttier gekauft hat, dafür oft relativ viel Geld ausgegeben hat, und daraus minderwertige Tiere zieht. Selten gibt es eine Gewährleistung seitens des Verkäufers und daher braucht es schon einige Überwindung, eine solche Stute nicht weiter zur Zucht einzusetzen.

Mit einer entsprechenden Vorselektion des Zuchtmaterials lassen sich genetische Defekte und Überraschungen jedoch einigermaßen reduzieren. Wichtig ist einmal mehr, neben dem in Frage kommenden Tier auch soviel verwandte Tiere als möglich anzusehen. Wenn nicht einmal die Elterntiere des in Betracht kommenden Lamas oder Alpakas anzusehen sind, sollte man das Tier noch intensiver auf eventuelle Mängel überprüfen. Diese Vorselektion ist immer noch keine Garantie für einwandfreies Zuchtmaterial, kann den zukünftigen Züchter allerdings vor großen Überraschungen bewahren.

Rezessive Gene können bei der Paarung von zwei mängelfreien Tieren zum Vorschein kommen. Genauso gut können diese negativen Merkmale aber bei vielen Anpaarungen nicht zum Vorschein kommen, sind aber trotzdem in der Erbmasse enthalten und zeigen sich vielleicht erst wieder einige Generationen später. Als verantwor-

tungsvoller Züchter sollte man alle fraglichen Tiere nicht weiter zur Zucht einsetzen. Die Praxis sieht aber meist wesentlich anders aus, da vor allem Stuten kaum aus der Zucht genommen werden. Zumindest Hengste, die als Träger von genetischen Defekten in Frage kommen, sollten jedoch rigoros von der Zucht ausgeschlossen werden.

Die Lama- und Alpakazucht ist außerhalb der Ursprungsländer eher im Anfangsstadium und wird selbst in Südamerika erst wieder seit einigen Jahren mit vermehrtem Interesse betrieben. Eine Ausnahme stellt da vielleicht Australien dar, wo man sich das hohe Ziel gesetzt hat, die weltweit feinste Alpakawolle zu erzeugen. Und man möchte diese Qualität in großer Menge produzieren, um damit am Weltmarkt eine wichtige Rolle zu spielen.

Es ist bekannt, dass bei den Alpakas lange Zeit auf reinweiße Tiere gezüchtet wurde, da deren Wolle als Ausgangsmaterial für jede Farbeinfärbung gut war. Mit dem Trend zu Naturfarben wurden vor allem in Europa häufig dunkle Farbschläge sehr aktuell und die Farbe weiß wurde vermehrt wieder verdrängt. Tiere zu finden, die einen hohen Anteil an weißer Wolle vererben und dabei keine genetischen Probleme zeigen ist zurzeit in Europa schwieriger als mängelfreie Alpakas von dunklen Farbschlägen zu finden.

Bei den Lamas wiederum ist es oft nicht leicht, in Nordamerika, wo bereits seit einigen Jahren mit starker Orientierung auf Showwettbewerbe gezüchtet wird, typisch klassische Lamas zu finden. Viel häufiger trifft man hier einen etwas kleineren Lamatyp mit wesentlich stärkerer Bewollung an, der wenig mit dem Lama zu tun hat, das in Südamerika zur Zeit der Eroberung durch die Spanier Verwendung fand. Dieser Trend hat sich in den letzten Jahren sehr rasch auf Europa ausgedehnt und mittlerweile sind auch hier großrahmige, wenig bewollte Tiere eher die Ausnahme.

Auch muss man in Südamerika sehr viele Lamaherden aufsuchen, um ursprüngliche Tiere zu finden, da besonders dort ein sehr

Genetische Defekte werden durch ein oder mehrere untypisch veränderte Gene ausgelöst und meistens durch Vererbung von den Vorfahren auf ihre Nachkommen übertragen

Rezessive Gene, Gene, die im „Verborgenen schlummern" und erst sichtbar werden, wenn kein über sie dominantes Gen ihr „Partner" ist

Mendelsche Regeln

Durchtrittige Fesseln bereiten dem Tier Schmerzen

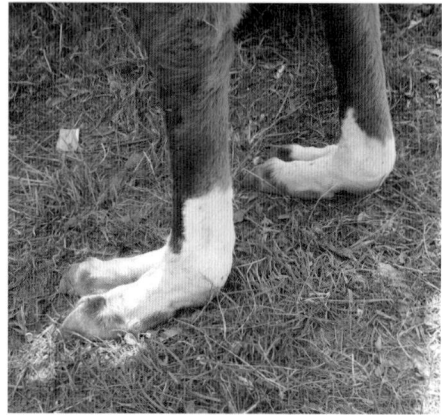

**Züchtung =
die künstliche Zuchtwahl durch einen Züchter zwecks Neuzüchtung**

**Vermehrung =
reine Aufzucht von Tieren. Es geht nicht um die Veränderung von Eigenschaften, sondern nur um das kontrollierte Vermehren der speziellen Rasse bzw. Spezies**

starker Einfluss von Alpakas in den Lamas zu finden ist.

Bei Shows werden die teilnehmenden Tiere meist in drei Gruppen eingeteilt, und zwar in leicht, mittel und stark bewollte Lamas. Man könnte auch sagen, Trekking- oder Lasttiere bzw. Gebrauchslamas, Show- und Liebhabertiere sowie Wolllamas. Der Züchter wird sich bei jeder möglichen Paarung seiner Tiere das Ziel oder das mögliche Ergebnis dieser Paarung vor Augen halten müssen. Es ist nicht möglich, ein Tier zu züchten, das in jeder Kategorie als Sieger hervorgehen wird.

Obwohl eigentlich nur für Trekkingtiere unbedingte Notwendigkeit, schadet auch einem Freizeit- und Hobbytier oder Wolllieferanten ein gesunder und korrekter Körperbau nicht. Diese Tiere werden doch im Durchschnitt mehr als zwanzig Jahre alt und sollten daher von ihrem Fundament die Voraussetzung für ein beschwerdefreies Erreichen dieses Alters mitbringen. Ein richtig proportionierter Körper ist immer eine gute Vorraussetzung, um möglichst vielen Ansprüchen gerecht zu werden. Es schadet also in keiner Weise, wenn Tiere aller Verwendungsbestimmungen ausgewogen gebaut sind und nicht durch zum Beispiel mangelhafte Beinstellungen in der Bewegung beeinträchtigt werden.

Genauso ist für alle unterschiedlichen Verwendungsgruppen ein sanftmütiger Charakter von Vorteil. Nicht nur im Vorführring, auch bei einer Wanderung im un-

wegsamen Gelände bereitet ein charakterfestes Tier mehr Freude als ein zu nervöses. Jeder Interessent, der vielleicht nur einen lebendigen, ruhigen „Rasenmäher" sucht, wird auch mit umgänglicheren Tieren mehr Freude haben, als mit allzu hektischen und nervösen Tieren.

Grundlage für ein erfolgreiches Zuchtprogramm sollte daher immer ein einwandfreier Körperbau, gute Gesundheit, hohe Fruchtbarkeitsrate, gute Milchleistung und umgängliche Handhabung sein.

Trends, die dann noch dazu kommen, sind Größe, Feinheit und Ertrag der Wolle, Zeichnung und Farbe, Ohrenform usw. Um die gesteckten Ziele möglichst rasch zu erreichen, ist es notwendig, das Zuchtmaterial immer wieder anzupassen. Eine gute Maßnahme dazu ist, jedes Jahr das Drittel seiner Herde zu verkaufen, das am wenigsten dem Zuchtziel entspricht und durch Zukauf mit Tieren zu ersetzen, die dem Zuchtziel näher kommen. Damit hat man in wenigen Jahren seine Herde dem eigenen Zuchtziel näher gebracht und kann sich auf ein rascheres Erreichen dieser Vorgaben freuen.

Es sollte nicht vorkommen, dass ein Lamahalter, der zu Beginn einen Hengst als Freizeittier gekauft hat und später zum Züchter wurde, mit diesem ersten Hengst nur deswegen züchtet, weil es sein erstgekauftes Tier ist. Meist ist dieses erste Lama nicht unbedingt der beste Zuchthengst und sollte nicht aus falschem Ehrgeiz zum Vater von nur durchschnittlicher Nachzucht gemacht werden. Dieser Hengst sollte allerdings auch nicht einem Neuling in der Branche als Deckhengst angepriesen werden. Es ist immer noch besser, wenn er als Wallach zum Freizeittier für viele Jahre wird.

Züchtung bedeutet in erster Linie die Verbesserung der Ausgangsbasis. Das bloße Halten der Qualität von Zuchttieren kann nicht als Zucht, sondern lediglich als Vermehrung bezeichnet werden. Ein Hengst, der in seiner Nachzucht die Qualität von durchschnittlichen Stuten erhöht, ist in Ordnung. Aber erst ein solcher, der die Qualität von erstklassigen Stuten zumindest nicht reduziert, sondern vielleicht noch leicht anheben kann, ist ein hochwertiger Deckhengst.

Immer wieder kommt es auch bei der Paarung von zwei einwandfrei erscheinenden Tieren in der Nachzucht zur Ausbildung von genetisch bedingten Defekten. Davor ist man bei den wenigen Generationen von Vorfahren, die wir von unseren Lamas und Alpakas meist kennen, auch mit einer Selektion von phänotypisch mängelfreien Tieren nicht sicher. Beide Tiere können Träger von rezessiven Genen sein, die gerade erst bei dieser Paarung hervortreten.

Zu den häufigsten offensichtlichen Mängeln gehören (unter anderem):
○ Fehlstellung der Beine, meist X-Beinigkeit oder starke Achsendrehung vorne.
○ Kuhhessigkeit der Hinterbeine, wobei die hinteren Füße im Stand und in der Bewegung zu knapp bei den Vorderfüßen auftreten.
○ Sichelbeinigkeit an den hinteren Extremitäten.
○ Durchgetretene Fesselgelenke – kommt bei sehr alten Tieren häufig vor, sollte aber nicht vor dem zehnten Lebensjahr auftreten.
○ Durchhängender Rücken oder Karpfenrücken – sehr alte Stuten mit vielen Fohlen neigen zu einem Senkrücken.
○ Kurze, abgerundete Ohren oder Schlappohren – nicht zu verwechseln mit durch starken Frost in den ersten Lebenstagen abgefrorenen Ohren.
○ Blauäugigkeit in Verbindung mit weißer Fellfarbe gilt zumindest in Südamerika wegen der höheren Empfindlichkeit bei starker Sonnenbestrahlung als unerwünscht. Ein Zusammenhang zwischen Blauäugigkeit und Taubheit ist zumindest wahrscheinlich.
○ Unterbiss oder Vorbiss, die Schneidezähne des fertigen permanenten Gebisses sollten mit dem vorderen Ende der Kauplatte abschließen. Die Kauplatte und die Zähne sollten bei entspannter Haltung durch die Lippen verdeckt sein.

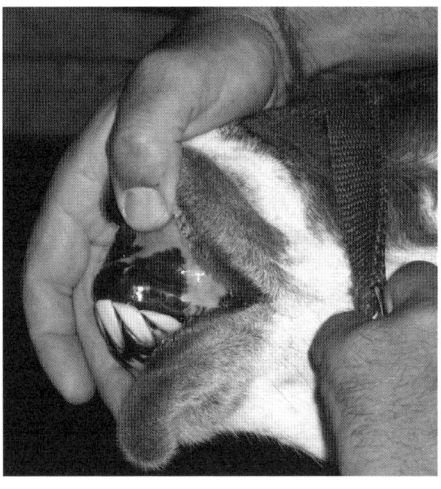

Korrektes Gebiss – Schneidezähne schließen mit der Kauplatte ab

○ Kryptochondrie – oft wandert kein oder nur ein Hoden durch den Leistenkanal in den Hodensack. In der Bauchhöhle verbliebene Hoden sind ständig zu hoher Temperatur ausgesetzt und müssen entfernt werden.
○ Krumme Zehennägel, die oft schon verdreht aus dem Nagelbett herauswachsen.
○ Polydactylie, es werden zusätzliche Zehen, meist an den Vorderbeinen ausgebildet.
○ Syndactylie, Zehen sind miteinander verwachsen.

Bei Vorhandensein von einem oder mehreren dieser offensichtlichen Mängel kann nicht mehr von einwandfreiem Zuchtmaterial gesprochen werden. Daher muss genau überlegt werden, was man akzeptieren will. Wenn man bei der Anschaffung von Lamas oder Alpakas nur die Zucht und den anschließenden Verkauf der Jungtiere im Auge hat, ist es besser, derartig mangelhafte Tiere nicht zu kaufen.

Informieren Sie sich vor dem Kauf der ersten Tiere bei einem Verein oder bei einer Interessensvertretung über Qualitätskriterien bei Neuweltkameliden!

Vermeiden Sie zweite Wahl, sie werden eher früher als später herausbekommen, dass Sie sich von diesen Tieren trennen sollten.

Der Phänotyp oder das Erscheinungsbild ist die Summe aller äußerlich feststellbaren Merkmale eines Individuums

6.2.3 Fortpflanzung von Neuweltkameliden

Südamerikanische Kleinkamele sind induzierte oder provozierte Ovulierer, was bedeutet, dass der Eisprung beim weiblichen Tier nicht in einem gewissen Zyklus stattfindet, sondern erst durch eine hormonelle Reaktion, die durch den Deckakt ausgelöst wird. Sehr wohl aber gibt es Zyklen in denen die Follikel heranreifen und wieder rückgebildet werden. Damit sind Neuweltkamelstuten das ganze Jahr über fähig, erfolgreich gedeckt zu werden und sind nicht an eine bestimmte Jahreszeit oder Saison gebunden.

Wenn man die Geburtsdaten von einigen hundert Tieren betrachtet, wird man feststellen können, dass es praktisch das ganze Jahr über Geburten gibt. In Zuchtbetrieben wird allerdings meist der Deckzeitpunkt so gewählt, dass das Fohlen entweder im Frühjahr oder im Herbst geboren wird. Diese Jahreszeiten bedeuten für die hochträchtigen Stuten nicht allzu großen Hitzestress und für die Neugeborenen ebenfalls keine zu starke Beeinträchtigung durch zu hohe oder zu tiefe Temperaturen während der ersten Lebenstage. Wenn es sich irgendwie planen lässt, sollten Geburten während der kältesten Monate vermieden werden, da die Stuten ihre Fohlen nicht trockenlecken und diese durch die Umgebungstemperatur trocknen müssen. Fällt ein Fohlen bei frostigen Bedingungen und die Betreuung durch den Menschen folgt nicht unmittelbar, kann es sogar zum Erfrieren des Neugeborenen am Boden kommen.

Im Gegensatz dazu ist eine Geburt im Hochsommer zwar nicht so gefährlich, große Hitze und vor allem hohe Luftfeuchtigkeit können aber sowohl der Stute als auch dem Fohlen einiges abverlangen. In sehr heißen Sommern konnte ich ein vermehrtes Auftreten von Totgeburten feststellen. Ob das nun tatsächlich mit dem Hitzestress zusammenhängt, ist nicht erwiesen aber naheliegend.

Trächtigkeitsdauer

Die Trächtigkeitsdauer bei Neuweltkameliden beträgt ungefähr 350 Tage, mit einer Bandbreite von 330 bis 370 Tagen ab Bedeckung. Der Eisprung und die darauf folgende Befruchtung der Eizelle erfolgt ungefähr 48 bis 72 Stunden nach dem Deckakt (FOWLER, MURRAY E.).

Wird ein Hengst zusammen mit einer oder mehreren Stuten gehalten, weiß er sehr genau, welche von den Stuten gedeckt und welche „offen" ist. Dies wird ihm von den Stuten selbst mehr oder minder regelmäßig dadurch mitgeteilt, dass sie ihn bei den geringsten Annäherungsversuchen abspucken. Ist dieser Hengst auch während der Geburt in dieser Gruppe, kann es vorkommen, dass er die betreffende Stute bereits zu decken versucht, bevor die Nachgeburt abgesetzt wird. Dieser Hengst kann dann durch Anpflocken im Gehege in die Schranken gewiesen werden, ohne ihn gleich ganz wegsperren zu müssen. Hat man die Gruppe allerdings nicht unter ständiger Kontrolle, sollte ein geschlechtsreifer Hengst bereits Wochen vor der zu erwartenden Geburt von der Herde separiert werden. Frühestens eine Woche nach der Geburt kann der Hengst wieder zur Stute gebracht werden. Wird von Hand gedeckt, was bedeutet, dass der Hengst nur zum Deckakt selbst zur Stute geführt wird, sind die Tage vom zehnten bis zum zwölften nach der Geburt die günstigsten Tage für eine rasche Wiederbedeckung. Dies entspricht auch den Vorgaben der Natur, wo nach einer etwa fünfzigwöchigen Trächtigkeit mit einer Pause von knapp zwei Wochen bis zur neuerlichen Befruchtung jedes Jahr zur selben Zeit ein Fohlen geboren werden kann.

Bringt man den Hengst erst etwas später wieder zur Stute, so ist ihre Milchleistung bereits auf ein Maß angestiegen, das wenig freie Energie für die Reifung von Eizellen übrig lässt. Es kommt dann häufig zu längeren Zeitabständen zwischen den Geburten. Darüber hinaus ist es allerdings empfehlenswert, nach einigen Geburten im Jahresabstand der Stute eine längere Pause zu gönnen, da sie anderenfalls praktisch ständig trächtig ist und gleichzeitig jährlich mehr als ein halbes Jahr lang ein Fohlen zu säugen hat. Dies ist eine zu starke Dauerbelastung und kann zu geringeren Geburtsgewichten sowie zur Beeinträchtigung des allgemeinen Gesundheitszustandes und Wohlbefindens des Muttertieres führen.

Wenn man eine größere Anzahl von Neuweltkameliden hält, ist es immer einfacher, für einen Hengst eine separate Koppel zu finden, da für den normalen Betrieb ohnehin mehrere Koppeln mit Unterständen vorhanden sein werden. Für den kleineren Betrieb, der vielleicht nur ein Paar hält, kann das Wegsperren des Hengstes zu Problemen führen, da dieser dann ja, zumindest für einige Zeit, alleine ist und bei Sichtkontakt mit der Stute nichts unversucht lassen wird, um zu ihr zu gelangen. Umgekehrt ist es gerade für den kleinen Betrieb nicht leicht, ein Gehege bereitzustellen, wo der Hengst keine Sicht auf den Rest der Gruppe hat. Dies alles sind Überlegungen, die man am besten schon vor dem Kauf der ersten Tiere anstellen sollte, um später nicht vor größeren oder gar unlösbaren Problemen zu stehen.

Mittlerweile ist allerdings die Dichte der Neuweltkamelidenhalter auch in Europa so groß, dass sich jeweils in näherer Umgebung ein Alpaka- oder Lamahalter finden lässt, der einen vorübergehenden Platz für das eine oder andere Tier anbieten kann.

Neuweltkameliden erreichen ihre Geschlechtsreife im Alter von ungefähr 18 Monaten, wobei allerdings ein Fall bekannt ist, bei dem eine Stute bereits mit 16 Monaten das erste Fohlen gebar. Bei einer vielleicht etwas reduzierten Trächtigkeitsdauer bedeutet das immer noch, dass dieses Tier bereits im Alter von fünf oder sechs Monaten gedeckt wurde. Hengste werden in der Regel etwas später geschlechtsreif, aber auch hier gibt es Fälle, wo Junghengste zu spät von der Herde getrennt wurden und im Alter von knapp einem Jahr bereits Stuten erfolgreich gedeckt haben.

Stuten sollten mindestens 18 Monate alt sein oder wenigstens zwei Drittel ihres zu erwartenden Körpergewichtes haben, bevor sie gedeckt werden. Nicht alle Stuten sind allerdings in diesem Alter bereits geschlechtsreif, manche werden erst im Alter von vier Jahren erstmals trächtig.

Hengste, die man als Deckhengste heranbilden möchte, sollte man nicht zu früh zum Decken einsetzen, da sonst die Gefahr besteht, dass durch zu geringe Libido bereits beim Vorspiel das Interesse an der Stute verloren geht und dieser Hengst dann das Interesse an eher dominanten Tieren zu rasch verliert. Im Alter von zwei Jahren kann jedoch ein Junghengst schon zum Decken herangezogen werden, bevorzugt mit einer erfahrenen Stute, die nicht zu dominant ist.

Junghengste beginnen bereits im Alter von einigen Monaten, oft schon mit wenigen Wochen, bei jeder sich bietenden Gelegenheit auf andere Tiere aufzureiten; dies ist aber lediglich ein frühes Training. Die Geschlechtsreife setzt erst dann ein, wenn sich die Verklebung des Penis mit der Vorhaut gelöst hat und dieser dann bei einer Erektion auch ausgeschachtet werden kann. Deshalb empfiehlt sich bei jungen Hengsten eine Kontrolle während des Deckaktes, ob der Penis auch tatsächlich ausgeschachtet und in die Scheide eingeführt werden kann.

Der Deckakt selbst beginnt mit dem Aufspringen des Hengstes auf die Stute, die sich dann nach mehr oder weniger heftigen Abwehrreaktionen hinsetzt. Diesem Aufspringen geht in den meisten Fällen, vor allem wenn genug Platz dazu vorhanden ist, ein Vorspiel voraus, bei dem die Stute vom Hengst verfolgt und durch diesen in die Knie gezwungen wird. Eine bereits gedeckte beziehungsweise trächtige Stute wird dabei den Hengst kräftig anspucken, um ihm eindeutig mitzuteilen, dass all diese Versuche vergeblich sind.

Selten kommt es vor, dass sich eine bereits trächtige Stute wiederholt decken lässt. Es wurde allerdings auch schon berichtet, dass häufige Deckakte bis einige Monate, ja sogar wenige Tage vor der Geburt erfolgten. Wird ein sehr dominanter

Geschlechtsreife

Der Deckakt erfolgt im Sitzen

Hengst mit einer trächtigen Stute zusammengesperrt, die nicht von ihm gedeckt ist, kann es passieren, dass alles Spucken nichts nützt und dieser Hengst erst aufgibt, wenn er die betreffende Stute einmal gedeckt hat. Dabei kann es bei dem oben erwähnten Vorspiel, was in diesem Fall eine Abwehrreaktion der Stute bedeutet, zu Verletzungen derselben und dadurch zu Früh- oder Totgeburten kommen.

Hat der Hengst die Stute dazu bewogen, sich hinzusetzen, bringt er sich selbst mit seinen Hinterbeinen in Position, während er sich mit den Vorderbeinen abstützt. Die Ejakulation des Samens erfolgt tröpfchenweise während einer Dauer von ungefähr 15 bis mehr als 30 Minuten und wird meist von einem lautstarken „Gurgeln" oder „Orgeln" begleitet. Bei sehr stark bewollten Tieren kann die Wolle im Genitalbereich der Stute zu Behinderungen führen. Daher wird der Schwanz oft mit einer elastischen Binde umwickelt und eventuell in diesem Bereich geschoren. Außerdem sollte man darauf achten, dass der Deckakt selbst in sauberer Umgebung stattfindet, vor allem auf sauberem Boden.

Es gibt Hengste, die alle in der Koppel befindlichen Stuten gleichzeitig decken möchten und deswegen ständig von einer zur anderen gehen und keine richtig begatten. In solchen Fällen müssen die ausgewählten Tiere in einen separaten Bereich gesperrt werden, um einen Erfolg zu erzielen. Weiterhin gibt es Hengste, die bestimmte Stuten nicht decken wollen und solche, die in Anwesenheit von anderen männlichen Tieren nicht decken, auch wenn diese in einem Nebengehege sind oder solche, die einige Tage brauchen, bevor es zu einem Deckakt kommt.

Natürlich gibt es auch bei den Stuten die unterschiedlichsten Charaktere, wobei für einen Züchter diejenigen am einfachsten sind, die sich bereits beim Anblick eines Hengstes hinsetzen. Schwieriger wird es, wenn sich das Vorspiel zu lange hinzieht und sich der Hengst dabei bereits zu sehr verausgabt. Dies kann vor allem bei jungen und unerfahrenen Hengsten zu mangelndem weiteren Interesse führen. Wenn eine Stute sehr dominant ist und den Hengst zu sehr und zu heftig abwehrt, kann dies auch bei einem erfahrenen Deckhengst zu mangelndem Interesse über längere Zeit führen. In diesem Fall sollte man die Tiere für einige Zeit trennen und danach einen neuerlichen Versuch starten.

In der Natur ist ein Hengst für ungefähr zehn bis fünfzehn Stuten einer Herde verantwortlich, bei Zuchtbetrieben kann ein Hengst schon drei oder mehr Stuten pro Tag und ungefähr zehn pro Woche decken. Die Belastung für den Hengst sollte jedoch nicht zu groß sein, und es sind ihm Pausen zu gönnen. Es sollte nicht sein, dass ein Hengst über mehrere Monate täglich eine Stute deckt. Wenn der Hengst zwei Stuten an einem Tag deckt, so ist am nächsten Tag eine Pause einzulegen und wenn er über mehrere Tage jeweils eine Stute pro Tag deckt, sind wiederum einige Tage Pause einzuplanen, um entsprechende Spermienqualität und -quantität zu gewährleisten.

In mehr als 95 Prozent aller Trächtigkeiten wird die Leibesfrucht im linken Uterushorn ausgetragen. Die Befruchtung selbst findet entweder links oder rechts statt, die dann befruchtete Eizelle nistet sich aber meist im linken Horn ein.

Eine Beeinträchtigung des linken Uterushornes kann demnach wesentlich mehr zu einer generellen Unfruchtbarkeit des Tieres beitragen als eine Fehlbildung im rechten Horn.

Trächtigkeitsdiagnose.
Nur 50 bis 70 % der befruchteten Eizellen entwickeln sich über den dritten Trächtigkeitsmonat hinaus, was eine Trächtigkeitskontrolle nach dieser Zeit für sinnvoll erscheinen lässt.

Im siebenten Trächtigkeitsmonat hat ein Lamafötus ungefähr 10 % seines Geburtsgewichtes, das heißt, dass der Embryo erst im letzten Drittel der Trächtigkeit sehr stark an Masse zunimmt. Aus diesem Grund merkt man auch eine bestehende Trächtigkeit nicht unbedingt am Bauch der Stute, zumindest nicht in den ersten sieben bis acht Monaten. Ab diesem Zeitpunkt ist es auch möglich, den Fötus durch die Bauchdecke hindurch durch gezieltes Abtasten zu spüren. Bei einem Druck mit der Handfläche an der rechten hinteren Flanke ist für einen geübten Lamahalter ab dem achten Monat der Fötus im Mutterleib zu fühlen.

Unkomplizierte und daneben billige Trächtigkeitsdiagnosen bei Lamas und Alpakas sind in unseren Breiten noch eher schwer und mit relativ ungenauen Ergebnissen zu erhalten. In den USA, in Kanada sowie in Australien werden Trächtigkeiten überwiegend mit Blutuntersuchungen bestimmt. Diese Methode ist zuverlässig, jedoch umständlich, aufwendig und vor allem teuer.

Eine weitere zuverlässige Methode der Trächtigkeitsfeststellung ist die Untersuchung mit Ultraschall. Die Methode mit Schallwellen und Abhören der Resonanz, die häufig bei Schweinen angewendet wird, kann bereits ab einer sechswöchigen Trächtigkeit erfolgreich sein. Die Zuverlässigkeit ist jedoch nicht sehr groß. Mit Ultraschall lassen sich ohne große Beeinträchtigung der Stute relativ genaue Diagnosen ab einer ungefähr dreimonatigen Trächtigkeitsdauer feststellen. Nun hat aber nicht jeder Tierarzt ein geeignetes Gerät und der Weg in eine speziell ausgestattete Tierklinik ist oft relativ weit und auch umständlich. Die Methode, mit einem Schallkopf an der Bauchdecke zu sondieren, ist dabei noch wesentlich weniger irritierend für das Tier als eine rektal durchgeführte Diagnose.

In den meisten Fällen weiß der Hengst am ehesten Bescheid über den Status der Stuten. Erfahrene Hengste merken oft schon am Geruch der Stute eine vorliegende Trächtigkeit und zeigen kein weiteres Interesse an diesem Tier. Trächtige Stuten beweisen ihren Status durch hartnäckiges Spucken, offene Stuten lassen sich spätestens nach kurzer Abwehrreaktion decken. Für eine gewisse Unsicherheit bei dieser Methode sorgen allerdings Stuten, die zu dominant sind und den Hengst durch ein zu langes Vorspiel vom Deckakt abhalten oder Hengste, die sich durch ein längeres Vorspiel zu leicht abschrecken las-

Trächtigkeitskontrolle

Die Geburten erfolgen
großteils vormittags

Anzeichen für eine
unmittelbar bevor-
stehende Geburt

6.2.4 Geburt

Die Trächtigkeit dauert, wie bereits erwähnt, meist etwas weniger als ein Jahr
und erscheint zumindest beim ersten Fohlen für den Züchter jedenfalls als überaus
lange. Durch diese relativ lange Trächtigkeit ist auch die Streuung für den tatsächlichen Geburtstermin entsprechend groß,
was dazu führt, dass dieser auch bei bekanntem Decktermin nicht exakt fixiert
werden kann. Neuweltkameliden bringen
ihre Fohlen in der Regel ohne menschliche
Hilfe und ohne medizinische Unterstützung zur Welt. Das bedeutet allerdings
nicht, dass die Geburt eines Lamas oder Alpakas „immer" problemlos vor sich geht.
Ein Großteil aller Fohlen wird in den Vor-
mittagsstunden geboren. Ein Grund dafür
ist, dass die Stuten ihre Fohlen nicht trockenlecken und diese daher bis in die
Abendstunden durch die Umgebungstemperatur entsprechend abgetrocknet sein
müssen. Unterstützt wird das Trocknen der
Neugeborenen von relativ geringer Frucht-
wassermenge, sodass die Fohlen praktisch
nur von einer Haut umgeben sind, die bei
der Geburt großteils aufbricht und sich
vom bereits fertig ausgebildeten Haarkleid
löst.

Die Anzeichen für eine unmittelbar be-
vorstehende Geburt sind nicht sehr auffäl-
lig und für den Halter oder Züchter oft gar
nicht wahrnehmbar. Diese Veränderungen
können, aber müssen nicht unbedingt auftreten, was eine präzise Vorhersage fast
unmöglich macht.

Eine angeschwollene Vulva zeigt jedenfalls von dem bevorstehenden Ereignis, bedeutet allerdings nicht, dass bereits in wenigen Stunden das Fohlen geboren sein
wird. Auch ein etwas ausgeprägteres Euter, in vielen Fällen rosa gefärbt, deutet auf
die nahende Geburt hin, muss aber nicht
unbedingt vorhanden sein. Oft setzt die
Produktion der Muttermilch erst in den der
Geburt folgenden Tagen in größerem Ausmaß ein. Vor allem Erstlingsstuten zeigen
meist kein Anschwellen des Gesäuges. Ein
Absondern von der Herde, häufiges Urinie-

sen. Für einen Züchter ist es allerdings
schon von entscheidender Bedeutung, zu
wissen, ob seine Stuten gedeckt sind oder
nicht. Wählt man eine medizinische Methode, muss man sich der Fehlerquote bewusst sein. Wählt man die Methode mit
einem männlichen Tier, ist es dienlich, einen Hengst zum Testen zu verwenden, der
die betreffende Stute nicht gedeckt hat.
Dieser wird intensiver versuchen, die Stute zum Deckakt zu bringen, als einer, der
noch weiß, dass er dieses Tier ohnehin bereits gedeckt hat. Es sollte allerdings vermieden werden, einen speziellen Hengst
nur zu Trächtigkeitsdiagnosen heranzuziehen. Dieser könnte sehr bald das Interesse
an allen Stuten verlieren, da er vorwiegend
negative Erlebnisse mit diesen haben
wird.

ren oder ständiges Aufsuchen des Kotplatzes ohne folgende Aktivität gilt ebenso als Zeichen einer unmittelbar bevorstehenden Geburt. Ein Schleimpfropfen, der während der Trächtigkeit die Gebärmutter vor Verunreinigungen schützt, tritt wenige Stunden bis einige Tage vor der Geburt aus der Scheide aus. Oft teilen die Stuten das Ereignis auch durch intensives Summen mit. Bei bekanntem Decktermin ist es jedenfalls von Vorteil, wenn man bereits einige Tage vor dem geplanten Geburtstermin die betreffende Stute entsprechend beobachtet und vor allem bereits am frühen Morgen eine Inspektion im Unterstand oder Gehege durchführt, um dadurch sicherzustellen, dass eventuell bereits sich abzeichnende Komplikationen rechtzeitig erkannt werden.

Wesentlich seltener als bei hochgezüchteten Tiergattungen kommt es vor, dass Probleme bei der Geburt auftreten. Diese können durch **Fehllagen** des Embryos, Fehlverhalten der gebärenden Stute oder durch sonstige Umstände verursacht sein.

Um eine Fehllage erkennen zu können, ist es wichtig, zu wissen, wie eine normale Geburt abläuft und wie ein Fohlen richtigerweise in der Gebärmutter liegt.

Bei normaler Lage erscheinen nach dem Blasensprung zuerst die Nase und die Vorderbeine. Dabei ist es unerheblich, ob die Beine über oder unter dem Kopf zu liegen kommen, da es bei dem relativ langen Hals gut möglich ist, dass trotz über dem Kopf austretender Beine der Fötus richtig liegt. Erscheint nur ein Vorderbein und kommt trotz starker Presswehen das zweite nicht innerhalb von maximal 15 Minuten zum Vorschein, kann dieses zurückgeschlagen sein und muss durch Hineinschieben des Fohlens und Ausrichten des Beines korrigiert werden. Ein Tierhalter mit einschlägiger Erfahrung wird dies selbst bewerkstelligen, während ein Unerfahrener den Tierarzt rufen sollte, sobald in angemessener Zeit nicht zwei Beine und der Kopf erscheinen.

Sind über längere Zeit, das heißt maximal fünfzehn Minuten nur die Vorderbeine, nicht aber der Kopf zu sehen, lässt sich annehmen, dass dieser zurückgeschlagen ist. Bei dem langen Hals von Neuweltkameliden erfordert eine Korrektur dieser Fehllage schon einiges an Routine und Gefühl und wird in den meisten Fällen wohl dem zu Hilfe gerufenen Tierarzt überlassen werden. Zeigt sich nur der Kopf, nicht aber die Beine, so sind aller Wahrscheinlichkeit nach beide zurückgeschlagen und verursachen somit ein Steckenbleiben im Geburtskanal durch zu breite Schultern.

Die konzentrierte Aufzählung von Fehllagen bedeutet nicht, dass Neuweltkameliden häufig Problemgeburten haben: Etwa 95 % aller Geburten verlaufen planmäßig. Es kann aber Probleme geben, wenn auch wesentlich seltener als bei unseren eher hochgezüchteten Haustieren. Der Leser sollte aber informiert sein, was bei einer Komplikation zu tun ist.

Steht eine Stute nach beobachtetem oder vermutetem Platzen der Fruchtblase mit offensichtlichen Presswehen an ein und derselben Stelle und zeigen sich innerhalb von fünfzehn Minuten keine Anzeichen einer erfolgreichen Geburt, ist es angezeigt, den Tierarzt zu verständigen und ihm möglichst genau mitzuteilen, was bisher geschehen ist.

Wenn der Kopf und die vorderen Beine bereits ausgetreten sind, ist es von Natur aus so eingerichtet, dass dieser Zustand vorerst für einige Minuten bestehen bleibt, um Flüssigkeit und Schleim aus der Luftröhre und aus dem Nasen- und Rachenraum des Jungen austreten zu lassen. Auch wenn die Stute dabei auf und ab geht und vielleicht unruhig wirkt, sollte nicht durch Ziehen versucht werden, das Fohlen eher herauszubringen, als von der Natur vorgesehen. Erst wenn man bemerkt, dass die Stute stark presst und die Schultern oder später das Becken des Fohlens nicht ohne menschliche Unterstützung herausgebracht werden können, darf man durch sachtes Ziehen am Fohlen im Rhythmus der Presswehen etwas unterstützend eingreifen. Wird die Geburt durch zu frühes Eingreifen des Menschen zu sehr beschleunigt,

Fehllagen

Keinesfalls darf an der Nachgeburt angezogen werden

Vollständige Nachgeburt

ser befreit werden. Man kann es auch an den Beinen halten und sich damit um die eigene Achse drehen, wodurch vorhandene Flüssigkeit aus der Luftröhre befördert wird.

In den meisten Fällen wird das Fohlen im Stehen geboren und fällt daher auf den Boden. Dieser frühe Schock soll offensichtlich das Neugeborene dazu motivieren, sofort wahrzunehmen was in der Umgebung vorgeht und nach einer kleinen Pause zum Aufstehen ermuntern. Gleichzeitig wird dadurch die Nabelschnur abgerissen.

Die Stuten gehen unmittelbar nach der Geburt oft ein wenig grasen, bleiben aber immer in der Nähe ihrer Fohlen. Wird ein Fohlen in einer größeren Gruppe geboren, so kommen alle anderen Tiere und begrüßen das neue Mitglied der Gruppe durch gründliches Abschnuppern.

Die Nachgeburt sollte innerhalb von zwei bis spätestens sechs Stunden nach der Geburt des Fohlens abgesetzt sein. Verzögert sich dieser Vorgang darüber hinaus, sollte der Tierarzt verständigt werden. In keinem Fall sollte an der Nachgeburt gezogen werden, auch wenn diese über längere Zeit nicht vollständig ausgetreten ist. Ein Abreißen der Nachgeburt kann ein Einziehen der Gebärmutter bewirken und nicht wieder gutzumachende Schäden verursachen. Die Nachgeburt sollte jedenfalls auf ihre Vollständigkeit hin kontrolliert werden.

kann es vorkommen, dass in der sehr langen Luftröhre befindlicher Schleim oder Fruchtwasser in die Lunge gerät und unter Umständen zu einer späteren Lungenentzündung und in der Folge sogar zum raschen Tod des Fohlens führt. Kommt ein Fohlen zu schnell und bemerkt man, dass sich Flüssigkeit in der Luftröhre befindet, was durch starkes Röcheln auffällt, kann man das Fohlen am Becken nehmen und etwa 30 Sekunden lang mit dem Kopf nach unten hängen lassen, wodurch die Atemwege von eventuell aspiriertem Fruchtwas-

Wie es nach der Geburt weitergeht, zeigt die nebenstehende Tabelle. Die darin enthaltenen zeitlichen Angaben sollen als Anhaltspunkte für eine normal verlaufende Geburt dienen Bei kleineren Abweichungen ist nicht sofort Gefahr im Verzug, wenn das allgemeine Befinden des Fohlens und der Stute nicht oder nur wenig beeinträchtigt ist. Vor allzu panischen Reaktionen sei einmal mehr gewarnt, da die Natur entsprechende Mechanismen zur Regulierung von Abweichungen vom Normalmuster vorgesehen hat. Durch zu frühes Eingreifen kann oft mehr zerstört als behoben werden.

Tab. 6. Checkliste für Sofortmaßnahmen bei der Geburt eines Lamas oder Alpakas.

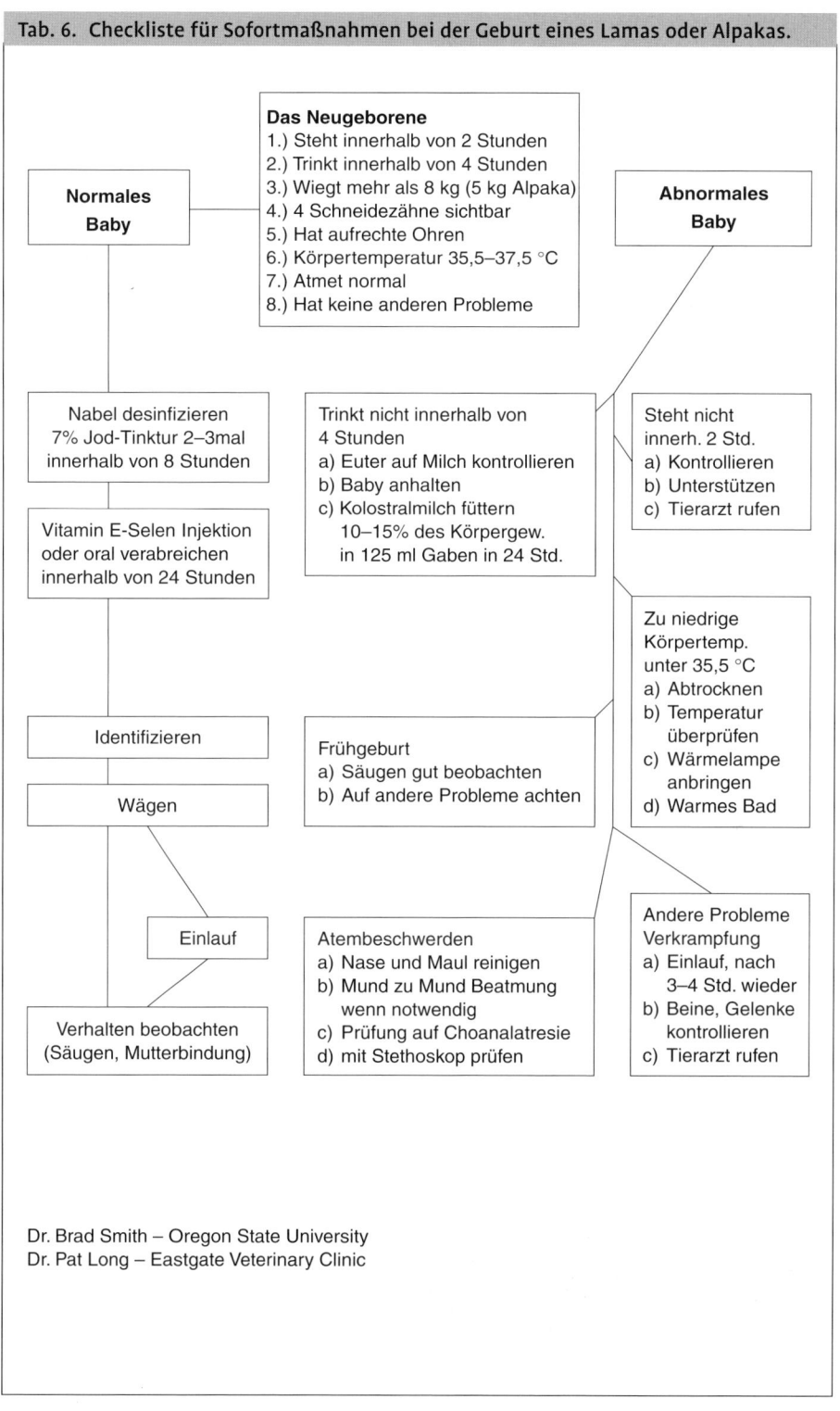

Das Neugeborene
1.) Steht innerhalb von 2 Stunden
2.) Trinkt innerhalb von 4 Stunden
3.) Wiegt mehr als 8 kg (5 kg Alpaka)
4.) 4 Schneidezähne sichtbar
5.) Hat aufrechte Ohren
6.) Körpertemperatur 35,5–37,5 °C
7.) Atmet normal
8.) Hat keine anderen Probleme

Normales Baby

Abnormales Baby

Nabel desinfizieren
7% Jod-Tinktur 2–3mal
innerhalb von 8 Stunden

Trinkt nicht innerhalb von
4 Stunden
a) Euter auf Milch kontrollieren
b) Baby anhalten
c) Kolostralmilch füttern
    10–15% des Körpergew.
    in 125 ml Gaben in 24 Std.

Steht nicht
innerh. 2 Std.
a) Kontrollieren
b) Unterstützen
c) Tierarzt rufen

Vitamin E-Selen Injektion
oder oral verabreichen
innerhalb von 24 Stunden

Zu niedrige
Körpertemp.
unter 35,5 °C
a) Abtrocknen
b) Temperatur
    überprüfen
c) Wärmelampe
    anbringen
d) Warmes Bad

Identifizieren

Frühgeburt
a) Säugen gut beobachten
b) Auf andere Probleme achten

Wägen

Einlauf

Atembeschwerden
a) Nase und Maul reinigen
b) Mund zu Mund Beatmung
    wenn notwendig
c) Prüfung auf Choanalatresie
d) mit Stethoskop prüfen

Andere Probleme
Verkrampfung
a) Einlauf, nach
    3–4 Std. wieder
b) Beine, Gelenke
    kontrollieren
c) Tierarzt rufen

Verhalten beobachten
(Säugen, Mutterbindung)

Dr. Brad Smith – Oregon State University
Dr. Pat Long – Eastgate Veterinary Clinic

6.2.5 Fohlenaufzucht

Das gesunde Fohlen wird innerhalb von ein bis zwei Stunden nach der Geburt aufstehen, bei den ersten Versuchen wird es mehrere Male umfallen, da die langen Beine noch nicht tragfähig genug sind. Im Normalfall geht es anschließend das Euter der Mutterstute suchen. Wenn es dabei ständig, anstatt bei der Mutter, in dunklen Ecken und Winkeln im Unterstand sucht, sollte man es zur begehrten Nahrungsquelle weisen.

Kolostralmilch
= Biestmilch
= Erstmilch
= Kolostrum, reich an Antikörpern und deshalb wichtig für Neugeborene

Die Aufnahme von **Kolostralmilch** während der ersten 24 Lebensstunden ist für die Immunabwehr von entscheidender Bedeutung. Nach dieser Frist ist der Darm nicht mehr in der Lage, die in der Biestmilch enthaltenen Abwehrstoffe aufzunehmen, was für die Immunabwehr entscheidend ist.

Immer wieder kommt es vor, dass die Fohlen nicht rechtzeitig, das heißt, nicht innerhalb von 24 Stunden nach der Geburt, zu saugen beginnen. Um bestimmt sagen zu können, dass das Fohlen nicht

Fohlenaufzucht mit der Flasche

saugt, muss man dieses allerdings über eine Periode von mindestens zwei Stunden beobachten. Das Saugen des Fohlens dauert oft nur wenige Sekunden an jeder Zitze und kann daher leicht übersehen werden. Kann kein Saugen beobachtet werden, muss kontrolliert werden, ob ein Saugreflex vorhanden ist.

Dazu hält man dem Neugeborenen einen Finger an den Mund, den man zuvor in Milch gesteckt hat. Beginnt es daran zu saugen, ist aber nicht fähig, selbst aufzustehen, so kann man versuchen, es hochzuhalten und das Fohlen wird in den meisten Fällen zu saugen beginnen.

Die Stute sollte kurz „angemolken" werden, wodurch die harten Pfropfen, die die Milchdrüsen anfangs verschließen, entfernt werden. Besonders bei Frühgeburten kann es vorkommen, dass Fohlen zu schwach auf den Beinen sind, um rechtzeitig aufzustehen und zu der lebensnotwendigen Erstversorgung zu gelangen. Die schwachen Gelenke festigen sich allerdings innerhalb weniger Tage und das Fohlen wird täglich kräftiger und selbständiger. Auch eine Fehllage des Ungeborenen kann dazu führen, dass die schwachen Beine anfangs nicht richtig funktionieren und das Fohlen daher nicht in der Lage ist, zum Gesäuge zu gelangen.

Ist kein Saugreflex zu bemerken, muss die Kolostralmilch mittels einer Sonde direkt in den Magen gebracht werden. Dabei muss man aufpassen, dass diese Sonde nicht in die Luftröhre gelangt.

Wenn das Problem nicht beim Neugeborenen, sondern bei seiner Mutter liegt, muss man ebenfalls versuchen, innerhalb der gebotenen Frist regulierend einzugreifen. Wenn die Stute verfügbar ist, sollte man auf jeden Fall versuchen, die notwendige Kolostralmilch abzumelken und dem Fohlen mittels Fläschchen einzugeben. Etwa 10 % seines Körpergewichtes sollte das Fohlen innerhalb der ersten 24 Stunden erhalten. Die Milchproduktion der Stute wird erst durch das Saugen des Fohlens stimuliert und es braucht daher einige Melkgänge, um zu der geforderten Menge zu gelangen.

In seltenen Fällen kann es vorkommen, dass die Stute entweder keine Milch produziert oder bei der Geburt verendet.

Dafür sollte bereits vor der Geburt vorgesorgt sein. Sicherheitshalber sollte bei einer vorangegangenen Geburt etwas Kolostralmilch von einer Stute gemolken und tiefgekühlt worden sein. Es gibt in der Veterinärmedizin Kolostralmilchersatz, auch die Biestmilch von Ziegen bietet eine ähnliche Zusammensetzung und kann dem Neugeborenen verabreicht werden. Hat ein Fohlen nachweislich innerhalb von 24 Stunden nach der Geburt keine Kolostralmilch erhalten, kann auch eine Bluttransfusion das Immunsystem entsprechend anregen und schützen.

Das Neugeborene sollte nach Möglichkeit täglich etwa zehn Prozent seines Körpergewichtes an Milch erhalten. Erst wenn es völlig aussichtslos ist, das Fohlen dazu zu bringen, selbst zu trinken, beziehungsweise bei nicht möglicher Gewinnung der Milch von der Mutterstute, wird man zu einem Ersatz für die Muttermilch greifen. Nach der Erstversorgung mit Lama-Kolostralmilch, notfalls mit Kolostralmilch von Ziegen, Schafen oder Kühen aus der näheren Umgebung kann man von der qualitativen zur quantitativen Abdeckung des Nährstoffbedarfes übergehen. Die Tagesration sollte dabei auf fünf bis sieben kleinere Mengen aufgeteilt werden. Während der ersten Lebenstage ist auch eine Versorgung während der Nacht notwendig oder anzuraten. Bei schwachen Fohlen sollte die Versorgung über mehrere Wochen ausgedehnt werden. Als Muttermilchersatz kann Milchpulver für die Lämmeraufzucht verwendet werden, das im Landprodukthandel erhältlich ist.

Man sollte versuchen, die Unterstützung auf ein notwendiges Minimum zu reduzieren, da eine alleinige Flaschenaufzucht ein sehr zeitraubendes Unternehmen über mehrere Monate ist. Durch eine Flaschenaufzucht entsteht in allen Fällen eine sehr starke Bindung des Lamas an den Menschen. Bei allzu fürsorglicher Behandlung führt dies zu einer Fehlprägung, was bei

> Prägung nennt man in der Verhaltensbiologie eine irreversible Form des Lernens: Während eines meist relativ kurzen, genetisch festgelegten Zeitabschnitts (sensible Phase) werden Reize der Umwelt derart dauerhaft ins Verhaltensrepertoire aufgenommen, dass sie später wie angeboren erscheinen.

männlichen Tieren meist einen „Berserk Hengst" bedeutet. Gibt es keine Alternative zur Flaschenaufzucht, sollte man sich mit dem Fohlen jedenfalls nicht mehr beschäftigen als unbedingt notwendig ist. Die Trinkflasche sollte an einer Wand befestigt werden und während des Trinkens sollte das Fohlen nicht berührt werden.

Bei zu intensivem Kontakt mit Menschen während der ersten Lebenstage- oder wochen erfährt das Fohlen eine intensive Prägung auf Menschen, was ihm glauben macht, der Mensch gehöre zu seinen Artgenossen. Mit Eintritt in die geschlechtsreife Phase werden derart fehlgeprägte Hengste ihre Grenzen auszuloten versuchen und dabei zuerst mit Menschen spielen, später richtig ernsthaft kämpfen.

Gerade von unerfahrenen Haltern wird eine Fehlprägung oft nicht erkannt oder falsch interpretiert und kann damit schlimme Folgen haben. Oft wird der Angriff auf den Menschen als Verteidigung des Reviers betrachtet. Diese Ansicht ist nicht zu teilen, da normal geprägte Hengste erkennen müssen, wer in ihrem Revier als Rivale betrachtet werden muss und wer nicht. Als Herdentiere sind sie ständig auf der Suche nach einem ranghöheren Wesen, das ihnen Sicherheit geben kann. Und gerade dabei müssen sie unterscheiden können, ob es sich bei dem Ranghöheren um einen Artgenossen handelt oder aber um den sie betreuenden Menschen. Ein normal geprägtes Herdentier wird die Führungsrolle des Menschen nie in Frage stellen. Auch Stuten, die fehlgeprägt wurden, können für Menschen gefährlich werden, aber längst nicht in dem Maß wie Hengste.

Heimtückisch bei dieser Fehlprägung ist vor allem, dass diese Prägung erst mit Er-

Flaschenaufzucht

reichen der Geschlechtsreife gefährlich wird. Bis zu diesem Stadium sind „Berserk" Tiere sehr anhänglich, zutraulich und oft aufdringlich. Gerade dieses Verhalten schätzen allerdings Neulinge auf ihrer Suche nach Streicheltieren für die gesamte Familie. Uninformierte Züchter oder Tierhändler preisen gerade diese Tiere als besonders geeignete an, denn meist machen die Verkäufer kaum Erfahrungen mit fehlgeprägten Tieren, da sie diese in einem Alter abgeben, wo die Fehlprägung als besondere Zutraulichkeit falsch interpretiert wird.

Eine Fehlprägung durch Flaschenaufzucht oder zu intensivem Kontakt durch Menschen während der Prägephase kann nur in den wenigsten Fällen später wieder korrigiert werden. Wenn man eine zu starke Bindung an den Menschen rechtzeitig bemerkt, kann man versuchen, das betreffende Tier mit altersgleichen Artgenossen aufwachsen zu lassen und von jedem Kontakt zu Menschen fernhalten. Damit kann das Jungtier eventuell noch erfahren, dass seine Artgenossen vierbeinig sind und die aufrecht gehenden „Artgenossen" in der Hierarchie höher stehen. Auch eine früher als sonst üblich vorgenommene Kastration kann, muss aber nicht eine Korrektur des Verhaltens begünstigen.

Während ich diese Zeilen schreibe erreicht mich ein Anruf einer verzweifelten Frau aus Frankreich, die vor zwei Monaten einen jungen Lamahengst gekauft hatte. Er war beim Kauf neun Monate alt und wurde von einem Tierhändler angeboten, der kaum etwas über die Herkunft des Tieres wusste oder preisgeben wollte. Die Käuferin konnte lediglich herausfinden, dass der Hengst von einer Familie stammte, die lediglich ein Lamapaar hält und dass das Tier mit der Flasche aufgezogen worden ist. Bereits im Alter von elf Monaten ist das Jungtier derart aggressiv zu seiner Eigentümerin, dass diese ständig um ihr Leben bangt, wenn sie in das Gehege geht, um zuzufüttern. Vor etwa einem Monat wurde das Jungtier kastriert und es zeigt bisher keine Veränderung in seinem Verhalten.

Was ist hier schief gelaufen?

Hengstfohlen, die mit der Flasche aufgezogen werden, sind potenzielle Berserk-Tiere.

Der Hengst ist als einzelnes Fohlen offensichtlich mit perfektem „Familienanschluss" aufgewachsen.

Er hatte keine Möglichkeit, sich als Lama in einer Gruppe zu entwickeln.

Mit neun Monaten kam er von den Elterntieren weg und als Einzeltier in eine neue Umgebung mit Ziegen als Weidegenossen.

Die neue Eigentümerin ist völlig unerfahren in der Haltung von Neuweltkameliden.

Ich nenne dieses Beispiel hier deshalb, weil es sehr gut zeigt, was bei fehlgeprägten Tieren alles passieren kann. In diesem Fall wurden alle Möglichkeiten, eine Fehlprägung zu fördern, ausgeschöpft. Wahrscheinlich waren sich alle Beteiligte dessen gar nicht bewusst.

Solche Tiere kann man nur sehr selten resozialisieren und meist werden sie wegen ihrer Unart nicht sehr geschätzt. Oft werden sie dann noch sehr billig an andere Ahnungslose weiterverkauft oder verschenkt. Das Gefahrenpotenzial wird jedoch mit zunehmendem Alter rasch größer und es kommt oft zu schwersten Verletzungen.

Häufig ist es auch so, dass fehlgeprägte Tiere nach einer Überstellung in ein neues Territorium vorerst keinerlei Anzeichen der Fehlprägung zeigen. Erst nach zwei oder drei Wochen, wenn sie mit der neuen Umgebung vertraut sind und alle Winkel und Ecken im Gehege und Unterstand kennen, zeigen sie ihr wahres Verhalten, worüber die neuen Halter dann umso mehr überrascht.

6.3 Markierung

Haus- und Freizeittiere werden im Allgemeinen markiert oder gekennzeichnet. Ist dies bei Nutztieren meist Vorschrift des Zuchtverbandes oder einer landwirtschaftlichen Vertretungsbehörde, so dient die

Kennzeichnung bei Freizeittieren dem Besitzer zum Nachweis der Besitzverhältnisse oder auch als Grundlage zur steuerlichen Erfassung (Hundesteuer). Eine Identifizierung ist bei jedem Verbringen von Tieren ebenfalls erforderlich.

Diese Markierungen werden oft an den Ohren angebracht, da sie dort sehr gut sichtbar sind und die Tiere wenig beeinträchtigen.

Auch bei Neuweltkameliden hat sich zumindest in Südamerika eine Markierung durch Anbringen einer Marke an einem Ohr durchgesetzt. Hatten die Indios früher ihre Tiere durch Schmücken der Ohren mit sehr bunten Wollquasten identifiziert, so tragen die Zuchttiere heute meist ein Plastikschild mit einer Identifikationsnummer. Es kann allerdings vorkommen, dass ein Tier mit diesem Markierungsschildchen irgendwo hängen bleibt und das Ohr verletzt wird, oft wird dieses dann richtiggehend gespalten. Gerade Lamas aber brauchen für eine makellose Erscheinung neben ihren großen Augen auch schöne Ohren.

Um derartige Verunstaltungen zu vermeiden, geht man heute dazu über, Alpakas und Lamas mit Mikrochips zu identifizieren. Das sind kleinste elektromagnetische Spulen, die eine Ziffern- und Nummernkombination gespeichert haben, welche mit einem speziellen Gerät abgelesen werden kann. Die Chips selbst haben einen Durchmesser von ungefähr zwei Millimeter bei einer Länge von etwa einem Zentimeter und werden mit einer Nadel unter die Haut eingebracht. Sie verwachsen gut mit dem Gewebe und stellen keine Beeinträchtigung der Tiere dar.

Verschiedene Ansichten gibt es über den idealen Implantationsort. Früher wurden diese Chips, den Gepflogenheiten bei anderen Tierarten folgend, am linken Halsansatz eingesetzt. Dort ist eine sehr starke Bemuskelung und heftige Bewegung zwischen den Muskelfasern, was manches Mal zur Wanderung des Implantats geführt hat. Viele Halter setzen den Mikrochip jetzt an der Vorderseite der linken Ohrwurzel, unter die Haut über den Schädelknochen.

Manche Tiere sind auch im Bereich der Schwanzwurzel gechippt. In den Zuchtpapieren sollte der Implantationsort jedenfalls vermerkt werden, um unnötiges Suchen zu vermeiden.

Die anfangs unterschiedlichen Systeme der Chips wurden großteils vereinheitlicht. Zumindest können viele Lesegeräte die Chips von vielen unterschiedlichen Herstellern ablesen.

An diesen Stellen werden Microchips implantiert

Mikrochip: Glaskörper (ca. 2 × 10mm), in dem sich mikroelektronische Schaltelemente befinden.

6.4 Fehler bei der Zucht

Mit minderwertigen Tieren werden Sie immer wieder minderwertige Nachzucht produzieren, auch wenn die Qualität der Nachzuchttiere besser ist als die ihrer Vorfahren.

Zuchttiere können genetische Defekte in ihrer Erbmasse tragen, die erst in Folgegenerationen offensichtlich werden.

Versuchen Sie, möglichst viele Tiere aus verwandten Zuchtlinien oder früheren Generationen zu besichtigen.

Das Halten der Qualität der Elterntiere bei der Nachzucht ist keine Zucht, sondern Vermehrung.

Erst bei der qualitativen Verbesserung der Nachzucht gegenüber ihrer Eltern kann man von Zucht sprechen.

7 Nutzen

Auch die Europäer gewöhnen sich mehr und mehr an Lamas und trotzdem sehen wir uns immer wieder mit der Frage konfrontiert: „Wozu sind diese Tiere gut?"

Je mehr man sich mit ihnen beschäftigt, desto mehr wird man über die Verwendungsmöglichkeiten von Lamas erfahren. Sie sind sehr intelligent, neugierig, sanftmütig, aufmerksam, relativ einfach zu trainieren und sehr sozial. Sobald Sie selbst die ersten Lamas haben, werden Sie nie mehr nach dem Nutzen der Tiere fragen. Die traditionelle Verwendung von Lamas ist ihr Einsatz zum Lastentragen. Lamas sind sehr trittsicher und verursachen kaum Trittschäden. Sie werden auch in kleinere Wagen eingespannt und werden als Freizeit- und Hobbytiere immer beliebter. Daneben liefern sie Wolle in vielen verschiedenen Farben, die viele Lamahalter zu wunderbaren Produkten verarbeiten. La-

mas sind keine idealen Reittiere, obwohl manche Lamahalter Kinder darauf reiten lassen. Sie sind ungefährlich im Umgang, vor allem mit Kindern oder Menschen mit besonderen Bedürfnissen bzw. Handicaps. Sie bringen Freude für die ganze Familie: Sie können Sie bei Wanderungen oder beim Joggen begleiten, erregen Aufsehen bei Kinderpartys und werden immer mehr in der tiergestützten Therapie eingesetzt.

7.1 Hobby

Allein die Freude an anmutigen Tieren in der unmittelbaren Nähe des Hauses rechtfertigt schon die Anschaffung von Lamas oder Alpakas. Viele der Neuweltkameliden außerhalb ihrer Ursprungsländer werden als Hobbytiere gehalten und müssen daher keine großen Anforderungen im Hinblick

Lamas sind schöne
Freizeittiere

auf irgendeine Nutzungsrichtung erfüllen. Bei einer möglichen Lebenserwartung von 25 Jahren und mehr sollte man allerdings bei der Auswahl der Tiere schon darauf achten, dass dieses Lebensalter auch möglichst gesund erreicht werden kann. Dazu ist es notwendig, dass ein Tier auf möglichst geraden Beinen steht und dass die Sehnen und Bänder stark genug sind. Wenn ein Tier im Alter von ein oder zwei Jahren x-beinig aussieht, kommt das eventuell von Wachstumsschüben in den Gelenken. Wenn Sie beide Elterntiere der zur Auswahl stehenden Tiere im Betrieb ansehen können, schauen Sie diese mindestens genau so gut an wie die Jungtiere, für die Sie sich interessieren. Bei den Elterntieren können Sie sehen, wie sich die Jungtiere entwickeln werden und wie diese im Alter von fünf Jahren oder mehr aussehen könnten. Fast alle Lamas oder Alpakas sind im Alter von zehn Monaten oder einem Jahr, wenn diese verkauft werden, anmutig und gefallen den Interessenten gut. Überlegen Sie, wozu Sie die Tiere anschaffen wollen, was Sie mit ihnen machen werden.

7.2 Begleittiere

Wenn Sie größere Grünflächen besitzen, wenn Sie dafür „ruhige Rasenmäher" bevorzugen, wenn Sie sich am Anblick interessanter Lebewesen erfreuen oder wenn Sie Wanderbegleiter suchen, sind Sie mit Lamas oder Alpakas gut beraten. Beachten Sie die tierschutzrelevanten Bestimmungen, die Mindesthaltebedingungen und die möglichen Kombinationen von Stuten und/oder Hengsten und lernen Sie Grundsätze über Haltung und Training der Tiere. Lernen Sie die Tiere bei Wanderungen kennen, bevor Sie die ersten kaufen, damit Sie spüren, ob das das richtige Hobby für Sie sein wird. Schnell ist heute ein Kauf getätigt, gerade aber bei Lebewesen soll diese Entscheidung nicht allein emotional begründet sein. Der Großteil aller Lama- oder Alpakahalter braucht einige Jahre vom ersten bewussten kennenlernen der Tiere bis zur tatsächlichen Anschaffung. Das gibt genug Zeit für reifliche Überlegung, schließlich handelt es sich um Tiere, die eine hohe Lebenserwartung haben. Lamas und Alpakas sind nicht die klassischen Streichel- und Kuscheltiere für die man sie ob ihres Aussehens oft halten mag. Sie besitzen ein sehr stark ausgeprägtes Sozialgefüge innerhalb einer Gruppe oder Herde. Als Herdentiere suchen sie aber stets nach einem Leittier, das ihnen Sicherheit, Kompetenz und Erfahrung vermittelt. Der betreuende Mensch wird bei richtigem Umgang mit den Tieren sehr rasch als deren Alpha-Tier anerkannt und kann auf das genetisch verankerte Verhalten von Lamas aufbauen. Sie sind seit Jahrtausenden daran gewöhnt und dazu gezüchtet worden, bei Bedarf dem Menschen als Lasttier zu dienen. Mit den Menschen große Entfernungen zurückzulegen ist ihre Mission, die sie bei entsprechendem Umgang gerne erfüllen werden.

7.3 Trekking

Lamatrekking ist „das" Einsatzgebiet für die Lasttiere aus Übersee. Geführte Wanderungen, bei denen Lamas zumindest einen Teil oder das gesamte Gepäck der Wanderer tragen. Die Ausbildung der Tiere wird in Kapitel 5 behandelt, hier geht es um die Umsetzung und praktische Ausführung sowie um Vorkehrungen, die eine klaglose Abwicklung ermöglichen.

Die Wege, die man mit der Gruppe geht, sollten zumindest dem Organisator gut bekannt sein, um nicht plötzlich vor unüberwindbaren Hindernissen zu stehen. Lamas sind zwar sehr trittsicher und gelten als schwindelfrei, nicht alle Tiere aber gehen ohne entsprechendes Training über schmale Brücken oder Stege, durch Tunnels oder Unterführungen oder durch Bäche und Flüsse. Manche Tiere fürchten sich auch vor Hunden, Schafen oder Pferden, wenn sie damit nicht bereits früher Bekanntschaft gemacht haben. All diese Situationen sowie die Gewöhnung an ein er-

Trekking bezeichnet eine besondere Form des Wanderns, das Zurücklegen einer längeren Strecke mit Gepäck, über einen längeren Zeitraum und unter weitestgehendem Verzicht auf eventuell vorhandene Infrastruktur

höhtes Verkehrsaufkommen auf Straßen sollten bereits Teil des Ausbildungsprogramms sein.

Ebenfalls geklärt werden sollte, ob der jeweilige Besitzer des Weges das Begehen mit Lamas erlaubt. In den USA ist in manchen Nationalparks das Wandern mit Lamas erlaubt, während das Reiten mit Pferden untersagt ist. Durch die Fußschwielen verursachen Neuweltkameliden kaum Trittschäden. Dieser Vorteil kann bei Meinungsverschiedenheiten mit dem Grundbesitzer angeführt werden.

Bei der Wanderung selbst ist zu beachten, dass alle Teilnehmer und auch die Lamas stets auf dem Weg bleiben, was langfristig zu einem positiven Einvernehmen mit den Grundbesitzern führt und dem Image des Lamas als sanftes Freizeittier nützt. Ebenso ist darauf zu achten, dass während der Pausen durch die Tiere keine Verbissschäden an Kulturen oder Jungpflanzen entstehen.

Die Freude an einer Lamawanderung sollte nicht durch unruhige, unberechenbare oder unfolgsame Tiere in der Gruppe getrübt sein, weshalb man bei der Selektion der Tiere sehr gezielt vorgehen sollte. Für gewerbliches Trekking eignen sich nur Tiere, die nicht bei jeder kleinsten Überraschung aus der Fassung geraten und von denen der Besitzer weiß, in welchen Situationen man sie vielleicht etwas kürzer halten muss.

Immer wieder ändern Tiere einer Gruppe ihre Reihenfolge, was der Mensch akzeptieren sollte, anstatt ständig zu versuchen, das betreffende Tier in seiner Geschwindigkeit zu beschleunigen oder zu bremsen. An der richtigen Stelle eingesetzt, sollte das Lama seine Geschwindigkeit der des Begleiters sowie der ganzen Gruppe anpassen.

Häufig kommt es vor, dass in bestimmten Situationen keines der Tiere weitergehen will. Vorteilhaft ist es dann, wenn man ein Tier in seiner Gruppe hat, welches gehorsamer ist als alle anderen und mit der Person seines Vertrauens weitergeht. Auch Lamas brauchen hin und wieder die vielleicht etwas strengere Hand ihres Besitzers und versuchen, den Gästen gegenüber, die nicht so sicher im Umgang mit ihnen sind, weniger gehorsam zu sein.

Kinder überwinden in Begleitung längere Strecken mühelos

Manches Mal bleiben Tiere auch ohne ersichtlichen Grund stehen, wollen nicht mehr weitergehen und ziehen vielleicht weg vom Weg. Meist ist das ein deutliches Signal für eine Versäuberungspause, da Lamas selten auf den Weg machen, sondern sich zum Misten fast ausschließlich abseits des Weges hinstellen.

Auch ein ungleich beladener oder verrutschter Packsattel kann ein Grund zum Stehenbleiben sein. Je öfter Sie mit Ihren Lamas unterwegs sind und je intensiver Sie diese dabei beobachten, desto eher werden Sie wissen, was Ihnen die Tiere mitteilen wollen.

7.3.1 Trekking-Betrieb

Lamas – ideal für Abenteuertrekking in den Bergen

Lama-Trekking gewinnt zunehmend an Bedeutung als touristisches Nischenprodukt. Mit dem Kauf von einigen Tieren ist man jedoch noch lange kein erfolgreicher Anbieter dieses Produktes in einem von starkem Wachstum und damit auch Wettbewerb gekennzeichneten Markt.

Vor dem Start eines Trekking-Unternehmens sollten Sie sich unter anderem folgende Fragen stellen:
Welchen Markt möchte ich bedienen?
Wie viel Zeit kann ich dafür aufbringen?
Wie viel Geld möchte ich damit verdienen?
Wen brauche ich als Partner?
Welche Infrastruktur brauche ich dazu?
Wie lange darf die Aufbau- und Anlaufphase dauern?
Gibt es Alternativen, wenn es nicht klappt?
Wie viel Kapital kann und will ich einsetzen?
Welche Ausbildung und Berechtigungen brauche ich?

Wie muss das Angebot gestaltet sein?

Es gibt natürlich noch mehr Faktoren, die zum Erfolg oder Misserfolg eines Unternehmens beitragen. Die hier angeführten sind aber eine gute Ausgangsbasis für seriöse Überlegungen, die zum Ziel führen oder vielleicht von der geplanten Aktivität wieder abhalten.

Welchen Markt möchte ich bedienen?

Für den kommerziellen Erfolg in jedem Unternehmen ist es eine Grundvoraussetzung, ein Produkt oder Leistungen an Kunden verkaufen zu können. Wer sind diese Kunden, wo sind sie zu finden, wie komme ich mit meinem Trekkingunternehmen an meine Kunden? Wenn Sie das Unternehmen in einer touristisch gut erschlossenen Region platzieren, sind die Kunden bereits vor Ort und müssen nur mehr auf die Möglichkeiten, die Sie anbieten, aufmerksam gemacht werden. Dies geschieht sehr effizient durch Kooperation mit dem örtlichen oder regionalen Fremdenverkehrs-Verband und mit den Beherbergungsbetrieben. Starten Sie eine Werbetour mit den Verantwortlichen aus diesen Kreisen, Ihre Partner müssen wissen, was sie für Sie bewerben sollen. Das erfahren diese am besten bei einer gemeinsamen Schnupperwanderung.

Liegt Ihr Betrieb in einer Region, die nicht von Tourismus geprägt ist, müssen Sie die Kunden in einem wesentlich größeren Umkreis ansprechen und diese dazu motivieren, auch weite Anfahrtsstrecken zu überwinden. Dazu müssen Sie ein komplettes Angebot schnüren, oft Übernachtungsmöglichkeiten anbieten und andere Attraktionen der Region mitverkaufen. Allein wegen einer Lamawanderung von einigen Stunden werden nicht viele Kunden hundert Kilometer oder mehr anreisen.

Wichtig dabei ist, dass Sie ein fertig buchbares Angebot bewerben, wo der Interessent genau erfährt, welche Leistungen er zu welchem Preis erwarten darf.

„Wir können für Sie alles organisieren, was mit Lamas machbar ist!" ist kein buchbares – weil zu unkonkretes – Angebot.

Wie viel Zeit kann ich dafür aufbringen?

Allein die Anschaffung von zwei oder drei Lamas begründet noch kein Trekking-Unternehmen. Lamawanderungen sind zeitaufwändig. Unterschätzen Sie auch nicht die Vor- und Nachbereitungszeit (Fangen in der Koppel, Halftern, Bürsten, Satteln, Transport zum Ausgangspunkt etc.). Kalkulieren Sie bei der Routenplanung auch Zeit für Unvorhergesehenes ein. Lamas wollen am Wegrand bei jeder Gelegenheit fressen, sie müssen sich während der Tour auch entleeren, was durch die Gruppendynamik oft sehr lange Pausen bedeutet. Vor allem untrainierte Lamas auf für sie neuen Wegen sind langsamer als Sie annehmen. Stellen Sie Überlegungen an, ob Sie die Wanderungen während einer zeitlich begrenzten Saison anbieten wollen oder das ganz Jahr über, nur an den Wochenenden oder auch wochentags.

Wie viel Geld möchte ich damit verdienen?

Nach einer gewissen Anlaufphase sollten Sie die Zeit, die Sie mit den Wanderungen verbringen als normale Arbeitszeit kalkulieren Zusätzlich sollte noch ein Anteil für Ihre Investitionen abfallen. Die Preisgestaltung sollte so sein, dass Sie damit einerseits genügend Kunden anziehen können, andererseits aber Ihre geldwerten Ansprüche abgegolten werden. Wenn Sie Ihre Zeit beim Trekking als Freizeit betrachten und daher nicht bewerten, werden Sie wesentlich billiger anbieten können als die Mitbewerber. Sobald Sie durch dieses billige Angebot allerdings eine größere Kundenanzahl ansprechen als es Ihre Freizeit erlaubt, wird es schwer sein, die Preise um ein mehrfaches zu erhöhen.

Wen brauche ich als Partner?

Überlegen Sie, was Sie den Leuten zur Verpflegung während der Tour anbieten. Wenn Sie alles selbst organisieren, verdienen Sie mehr daran, haben aber auch nicht zu unterschätzende Mehrarbeit, mehr Risiko und mehr Kapitaleinsatz. Partnerbetriebe für die Verköstigung der Kunden zu

Trekkingunternehmen

finden, schafft Ihnen auch Pausen während der Touren, wo Sie sich um die Tiere kümmern können. Partnerbetriebe zur Abrundung des angebotenen Programms vor, während oder nach der Wanderung wertet dieses auf. Sie brauchen sich auch nicht um Bewilligungen und Konzessionen zu bemühen, die für die Verabreichung von Speisen und Getränken nötig sind. Durch die Kooperation mit Partnerbetrieben reduzieren Sie Ihre Verantwortung und schaffen so Mitstreiter für Ihr Vorhaben, die den potenziellen Kundenkreis um ein vielfaches vergrößern können.

Welche Infrastruktur brauche ich dazu?

Das wichtigste Basismaterial für ein Trekkingunternehmen sind eine ausreichende Anzahl von ausgebildeten und ausgewachsenen Tieren. Mit zwei Tieren können Sie zwar Wanderungen machen, wenn Sie jedoch eine Gruppe von mehr als fünf oder sechs Personen bedienen wollen, reicht diese Anzahl nicht mehr aus. Drei Tiere sind da schon besser, für größere Gruppen aber immer noch zu wenig. Auf der anderen Seite sollten Sie aber mit geringer Erfahrung im Umgang mit Lamas nicht gleich mit einer zu großen Anzahl fortmarschieren. Wenn bei einer Wanderung das Chaos ausbricht, müssen Sie in der Lage sein, alle Tiere der Gruppe wieder rasch in den Griff zu bekommen. Das wird mit zehn Tieren, die wenig Erfahrung im Trekking haben für einen Menschen, der auch wenig Erfahrung im Trekking hat, fast unlösbar. Ihre Kunden können Sie dabei unterstützen, meistens vergrößern diese aber das Chaos noch. Eine gute Gruppengröße sind drei bis fünf Tiere. Bei fünf Tieren kann durchaus auch ein jüngeres dabei sein, das ohne Gepäck, nur zum Anlernen mitgeht. Die Gruppengröße kann dann je nach Erfahrung und Bedarf gesteigert werden.

Sie brauchen Packsättel für die Lamas, verlässliche Halfter und Führleinen, die nicht zu kurz aber auch nicht zu lang sind (etwa 2 m). Zu lange Führleinen wickeln sich bei losgelassenen oder weggelaufenen Tieren, was immer wieder vorkommt, zu sehr um die Beine und lassen den Fluchtinstinkt voll durchkommen. Dünne Leinen aus Kunststoff sind denkbar schlecht, sie können Brandwunden an den Handflächen verursachen. Haben Sie Kunden mit eigenen Rucksäcken oder Schulkinder, brauchen Sie Packgestelle, die ein leichtes Aufhängen dieser Rucksäcke ermöglichen. Müssen Sie Material zur Verköstigung Ihrer Kunden transportieren, können es auch Packtaschen sein, die Sie möglichst gleichgewichtig beladen. Auch die Rucksäcke müssen so platziert werden, dass beidseitig ungefähr das gleiche Gewicht hängt. Getränkeflaschen können als Ausgleich gute Dienste leisten.

Es stellen sich eventuell auch folgende Fragen: Können Sie die Kunden dazu bewegen, zu Ihrem Betrieb zu kommen oder müssen Sie mit den Lamas den Kunden entgegenkommen? Finden Sie Wanderwege, die verkehrsarm sind, die leicht zu begehen sind und unmittelbar vor Ihrem Gehege beginnen? Oder ist es besser, von einem gemeinsamen Treffpunkt wegzugehen, wo Sie die Lamas hinbringen müssen? Wollen Sie Lamawanderungen bei Schulen oder bei Geburtstagspartys anbieten, brauchen Sie einen Anhänger mit Zugfahrzeug? Solche Gespanne sind oft schwer und bedürfen gesonderter Berechtigungen.

Wie lange darf die Aufbau- und Anlaufphase dauern?

Erwarten Sie nicht, dass unzählige Kunden gerade auf Ihr neues Angebot warten. Planen Sie eine Anlaufzeit von einigen Jahren ein. Es gibt zu viele Beispiele von begeisterten Llameros, die ein Trekking-Unternehmen gestartet und bereits nach einem Jahr mangels Erfolg wieder aufgegeben haben. Mundpropaganda ist in diesem Segment die beste Werbung, allerdings nicht gerade die schnellste. Wenn Sie die Tiere anschaffen, planen Sie auch hier eine Vorlaufphase für das Training ein. Auch werden Sie kaum mehrere ausgebildete und verlässliche Trekkingtiere bekommen, die schon alt genug sind für die Touren.

Gibt es Alternativen, wenn es nicht klappt?

Verlassen Sie sich nicht darauf, dass alles so funktioniert, wie Sie es planen. Wirtschaftliche Unsicherheiten, regionale Katastrophen und vieles mehr können die Entwicklung verzögern oder so ungünstig beeinflussen, dass Sie nach Alternativen Ausschau halten müssen. Für solche Fälle ist es günstig, nicht alles auf eine Karte zu setzen. Suchen Sie nach weiteren Betätigungsfeldern für Ihre Lamas. Öffentlichkeitsarbeit (PR-Einsätze), Kinderpartys, Einsätze in der Therapie und ähnliches können Ihr Angebot abrunden und einen totalen Absturz abfedern.

Wie viel Kapital kann und will ich einsetzen?

Überlegen Sie, wie viel Sie in dieses Unternehmen investieren wollen. Machen Sie sich anhand der bereits erwähnten Faktoren einen groben Bedarfsplan. Sparen Sie nicht an der Grundausstattung, nicht bei den Tieren. Kaufen Sie nicht Tiere, die ein anderer nicht bändigen konnte, Sie werden es auch kaum schaffen. Kaufen Sie keinen Wallach, der vor dem 30. Lebensmonat kastriert wurde! Kaufen Sie keinen Berserk-Hengst! Kleinere Tiere sind nicht automatisch leichter zu trainieren und zu beherrschen. Wenn Sie Tiere aus einer hektischen Herde kaufen, rechnen Sie damit, dass diese Lamas dann auch hektisch sind. Bewerben Sie Ihr Angebot auf einer Homepage, damit erreichen Sie eine weite Streuung für Ihr Produkt. Lassen Sie kleine Flyer mit Ihrem Angebot drucken, die Sie bei jeder sich bietenden Gelegenheit verteilen. Es kommen also einige Investitionen auf Sie zu und Sie dürfen während der Startphase nicht mit großen Einnahmen rechnen.

Welche Ausbildung und Berechtigungen brauche ich?

Grundvoraussetzung für eine erfolgreiche Tätigkeit mit Tieren ist eine fundierte Ausbildung im Umgang und in der Pflege der Tiere. Wenn Sie nicht bereits geübt im Umgang mit großen Tieren sind, besuchen Sie Ausbildungslehrgänge oder Trainingskurse. In vielen Regionen brauchen Sie zur Durchführung von Trekkingtouren oder geführten Wanderungen eine Ausbildung zum Berg- und Wanderführer. Beachten Sie auch die gewerberechtlichen Bestimmungen.

Wie muss das Angebot gestaltet sein?

Bieten Sie ein fertiges Produkt an. Der Kunde will genau wissen, was er für sein Geld erwarten darf. Bieten Sie nicht zu viele verschiedene Möglichkeiten an, es besteht dann die Gefahr, dass Sie zwar viele Interessenten ansprechen, aber für keine der angebotenen Touren die erforderliche Mindestanzahl an Kunden erreichen. Bieten Sie Schnuppertouren von wenigen Stunden an. Die Leute wollen sich nicht immer einen ganzen Tag Zeit für derartige Unternehmungen nehmen. Viele Touristen wollen am liebsten nach dem Mittagsschläfchen eine zweistündige Wanderung zu einer gemütlichen Hütte mit ausgiebiger Jausenpause machen, dann zum Ausgangspunkt zurückkehren und bereits um 16:00 Uhr wieder im Hotel sein!

Neben Ihrer Berufsausübung bleibt Ihnen ein gewisses Maß an Zeit. Überschätzen Sie diese Zeit nicht. Konzentrieren Sie sich auf das „Kerngeschäft"! Überlassen Sie die Lama-Zucht anderen, wenn Sie nicht genügend Zeit und genug Platz und eine ausreichende Anzahl an Koppeln und Unterständen haben.

Lama-Trekking ist ein durchaus interessanter Erwerbszweig. Man muss sich aber auch vor Augen halten, dass die Saison für Wanderungen sehr kurz ist. Mit etwas Kreativität lässt sich die Saison verlängern und das Angebot so gestalten, dass fast das ganze Jahr über was zu tun ist.

7.4 Fahren

In ihren Ursprungsländern wurden Lamas eher selten als Zugtiere eingesetzt. In den Regionen, wo sie als landwirtschaftliche

Nutztiere Verwendung fanden, waren kaum Straßen vorhanden. Die Verbindungswege mussten meist große Höhenunterschiede bewältigen und führten daher oft über Felsstufen. In Archiven findet man Fotos aus England, die zeigen, wie im frühen 20. Jahrhundert Lamas vor Karren gespannt wurden. In den USA wird es seit etwa einem Jahrzehnt zunehmend populärer, Lamas vor einen Wagen zu spannen. Denn Lamas sind sehr leicht dazu zu trainieren einen Wagen zu ziehen und es werden Wettrennen mit zwei- und dreispännigen Wagen veranstaltet. Sicherlich steckt noch großes Potenzial in dieser Verwendungsart. Vor einigen Jahren habe ich gemeinsam mit Freunden ein gefahrenes Lamarennen auf einer Pferderennbahn als Showeinlage abgehalten. Wir waren alle überrascht, wie schnell die Tiere begriffen hatten, worum es dabei geht. Nicht alle Lamas sind allerdings zum Einspannen geeignet. Mit fortschreitender Zuchtselektion gibt es aber immer mehr sehr ruhige und ausgewogene Tiere, denen man das zutrauen kann.

Als Gefährt eignet sich ein Sulky für Ponys, ein kleiner vierrädriger Wagen oder aber ein leichter Schlitten.

Lamarennen haben (noch) Seltenheitswert

7.5 Reiten

Traditionellerweise sind Lamas keine Reittiere, obwohl man in Südamerika schon manches Mal junge Indios sieht, welche, auf Lamas reitend, Schafherden zusammentreiben.

Durch ihren Passgang macht ihr Körper beim Gehen Schaukelbewegungen quer zur Gehrichtung, die vielleicht nicht so sehr für den Reiter als vielmehr für das Lama selbst unangenehm werden können. Der Passgang ist eine wesentlich unstabilere Gangart als zum Beispiel der Schritt. Dies wird zwar teilweise durch die Trittsicherheit der Schwielensohler ausgeglichen, führt aber bei zu hohem Schwerpunkt der „Last" zu einer zusätzlichen, unangenehmen Belastung der Tiere. Seit ihrer frühen Verwendung als Lasttiere wurden sie daran gewöhnt, Lasten zu tragen, die seitlich am Rumpf befestigt sind und deren Schwerpunkt daher ungefähr dem ihres Körpers entspricht. Sitzt nun ein Kind auf dem Rücken – mehr als ein Viertel seines Körpergewichtes sollte ein ausgewachsenes Tier ohnehin nicht tragen – ist das auch für das Lama selbst eine eher wackelige Angelegenheit. Es gibt aber immer mehr Lamas, die sich sehr gut zum Kinderreiten eignen, vorausgesetzt, der Sattel passt optimal und das Kind ist nicht zu schwer.

Wie bei allen Verwendungsmöglichkeiten von Lamas kommt es natürlich auch hierbei auf die individuelle Eignung des einzelnen Tieres an. Solche, die von vornherein sanft und vertrauensvoll im Umgang mit Kindern sind, die schon öfters Lasten anstandslos und ohne Nervosität getragen haben, sind als Reittiere heranzuziehen.

Dabei ist wiederum besonders am Anfang Vorsicht geboten, eine Person führt das Lama an der relativ kurzen Leine, während eine zweite sichernd neben dem Kind hergeht, um dieses im Notfall auffangen zu können. Die ersten Versuche sollten unbedingt auf einer Wiese und nicht auf hartem Untergrund unternommen werden. Haben

sich die Lamas erst einmal an die etwas andere Lastverteilung gewöhnt, vertragen sie auch das Auf- und Absteigen der kleinen Reiter sehr gut.

Als Sattel dazu eignet sich sehr gut ein Pony-Western-Sattel, der mit einer entsprechend dicken Satteldecke unterlegt sein muss. Wie auch beim Packsattel ist unbedingt darauf zu achten, dass dieser nicht zu weit hinten angebracht wird, da der Aufbau des Skeletts sich doch wesentlich von dem eines Pferdes unterscheidet.

Auch bei uns kann man hin und wieder Kinder sehen, die auf ihren Lamas frei, das heißt ohne Führer an der Leine, reiten. Dazu bedarf es schon eines intensiveren Trainings und es muss eine gute Vertrauensbasis zwischen Mensch und Tier aufgebaut werden.

Oft sind es allerdings nicht die Kinder, die auf Lamas reiten wollen, sondern deren Eltern. Die kleinen Reiterinnen und Reiter wollen spätestens nach dem ersten Versuch des Lamas, an Gras zu kommen, wieder absteigen, da sie in diesem Moment, wenn der Kopf und Hals des Tieres nach unten gestreckt ist, „vor dem Abgrund sitzen" und Angst bekommen. Ist das Gewicht des Reiters zu groß, kommt es nicht selten vor, dass das Lama den Kopf herumdreht und auf das Kind spuckt.

Als Reittiere sind sie nur bedingt einsetzbar

7.6 Therapie

Die tiergestützte Therapie erfährt zur Zeit eine wahren Boom. Nicht zu unrecht, da vielen Menschen der Umgang mit Tieren völlig fremd, der Zugang zu Tieren jedoch tief im Menschen verankert ist. Gerade Menschen mit besonderen Bedürfnissen aber reagieren auf Tiere oft wesentlich besser als auf betreuende Menschen. Und die Tiere erkennen oft die besonderen Bedürfnisse der Klienten und reagieren auf diese ganz anders als sonst üblich. Tiere können den Menschen das Gefühl der Sicherheit geben, sie reagieren unmittelbar. Sie kritisieren ihr Gegenüber nicht und stehen ihnen ohne Vorbehalte und Vorurteile gegenüber.

Als besondere Eigenschaften der Neuweltkameliden gelten ihr weiches Vlies, die großen Augen und das sanftmütige Gehabe. Für viele Menschen sind Lamas und Alpakas immer noch selten gesehene Exoten aus einer fernen Welt und einer wenig bekannten Kultur.

Das weckt das Interesse an Lamas und Alpakas auch bei Menschen, die sonst keinen Zugang zu Tieren finden.

Ganz wesentlich beim heilpädagogischen Einsatz von Tieren ist jedoch die Eignung der dazu ausgewählten Tiere. Hier kommt neben einem gesunden Körperbau den Charaktereigenschaften eine ganz besondere Bedeutung zu. Hektische, unruhige oder auch zu junge Tiere sind nicht für diese Nutzungsart geeignet.

In der tiergestützten Therapie eingesetzte Tiere sollten umfangreiche Erfahrung im Umgang mit Menschen sowie im Bewältigen schwieriger oder kritischer Situationen mitbringen. Diese Erfahrungen kann man den Tieren nicht in einem „Crashkurs" vermitteln, dazu muss man ihnen Zeit geben. Lamas und Alpakas werden meist erst ab einem Alter von mehreren Jahren etwas ruhiger, auch sie müssen eine Phase der „Pubertät" durchleben. Erst wenn sie viele für sie anfangs gefährlich scheinende Situationen kennen gelernt haben, entwickeln sie großes Vertrauen zu den Menschen, die für sie sorgen und werden dadurch ruhiger.

Beim Einsatz in der Therapie ist es unerlässlich, den Tieren auch entsprechende Ruhephasen zu gönnen und ihnen Rückzugsbereiche anzubieten, wo sie ungestört sind.

Viele Züchter bieten Tiere für den Einsatz in der Therapie an, ohne überhaupt zu wissen, worum es bei der tiergestützten Therapie geht, ohne zu wissen welche Charaktereigenschaften dazu Voraussetzung sind. So wie nicht jedes Lama ein hervorragendes Trekkingtier ist, kann auch nicht jedes als „Therapietier" angeboten oder eingesetzt werden. Sehr vieles kann man den Tieren beibringen und bei entsprechender Ausbildung der Tierhalter wird auch die Ausbildung der Tiere erfolgreich sein. Gerade für den heilpädagogischen Einsatz ist aber das Anforderungsprofil wesentlich komplizierter als für die Nutzung als Wolllieferant oder als Lasttier. Empfehlenswert ist daher für diese Nutzungsart eine noch genauere Selektion der verwendeten Tiere, unter Umständen auch die Unterstützung durch Fachleute. Es gibt verschiedene Einrichtungen zur Ausbildung von BetreuerInnen in der tiergestützten Therapie, wo man Informationen über die Eignung von Tieren einholen kann. Nutzen Sie die Erfahrungen dieser Institutionen anstatt sich nur auf die Aussagen eines Züchters zu verlassen, der möglicherweise nur am Verkauf der Tiere interessiert ist.

7.7 Wolle

Neuweltkameliden, und im Besonderen Alpakas, wurden von den frühen Bewohnern Südamerikas wegen ihrer wertvollen Wolle gezüchtet und gehalten. Vom Guanako abstammend haben Lamas ein Wollkleid, das aus feiner Unterwolle und aus groben Grannenhaaren besteht, wobei die Unterwolle einen Durchmesser von durchschnittlich 20 bis 30 µm (Mikrometer, 1/1 000 mm) und die Haare 35 bis 60 µm, selten auch darüber aufweisen. Die Wolle zeichnet sich durch eine feine Kräuselung aus, während die Haare meist gerade, in seltenen Fällen leicht gewellt sind. Die Wolle ergibt ein eher mattes Erscheinungsbild, die Grannenhaare hingegen zeichnen sich durch einen besonderen Glanz aus.

Das Alpaka, als domestizierte Haustierform des Vikunjas über viele Generationen als Wollproduzent gezüchtet, unterscheidet sich in der Bewollung doch deutlich vom Lama. Die groben und glatten Grannenhaare fehlen bei Alpakas fast ganz. Wenn überhaupt, sind sie ebenfalls sehr fein. Sie wurden durch Zuchtselektion über viele Generationen reduziert oder gänzlich eliminiert. Die Unterwolle ist wesentlich stärker gekräuselt als beim Lama. Diese Kräuselung findet in der Wollbeurteilung als „crimp" seinen Niederschlag. Nicht nur diese sichtbare Kräuselung, auch eine nur im Mikroskop erkennbare Wellung der Faser ist für die Qualität der hergestellten Produkte ausschlaggebend. Der Durchmesser der einzelnen Fasern liegt bei qualitativ guten Tieren zwischen 18 und 25 μm. Nicht alleine der Durchmesser der feinen Unterwolle ist ausschlaggebend für die Wollqualität, auch die mengenmäßige Verteilung der Fasern mit unterschiedlichem Durchmesser ist wesentlich. Um ein möglichst gleichmäßiges Endprodukt zu erzielen, ist es ein erklärtes Zuchtziel, einen möglichst großen Anteil an Fasern in einem kleinen μm-Bereich zu haben. In den dargestellten Histogrammen von Guanako, Huacaya-Alpaka, Suri-Alpaka und Lama kann man sehr gut den steilen Anstieg der Kurve ab einem Durchmesser von 13 μm beim Guanako, ab 16 μm bei den Alpakas und erst ab 18 μm beim Lama erkennen. Das Maximum an Fasern liegt beim Guanako bei 15 μm, bei den beiden Alpaka Typen und beim Lama bei 22 μm. Rechnet man nun den Faseranteil mit einem Durchmesser von 20 bis 25 μm zusammen, so liegt dieser beim Huacaya-Alpaka bei 68 %, bei dem Suri-Alpaka bei etwa 50 % und beim Lama bei ungefähr 55 %.

Die Standardabweichung oder Standard Deviation (SD) gibt Aufschluss über die durchschnittliche Abweichung der einzelnen Fasern vom errechneten, durchschnittlichen Faserdurchmesser. Die Standardabweichung soll möglichst klein sein, d. h., dass der Durchmesser möglichst vieler Fasern nahe am Mittelwert liegen sollte. Der Abfall der Kurve nach diesem Bereich ist beim Suri-Alpaka sowie beim Lama etwas flacher, weshalb die durchschnittliche Ab-

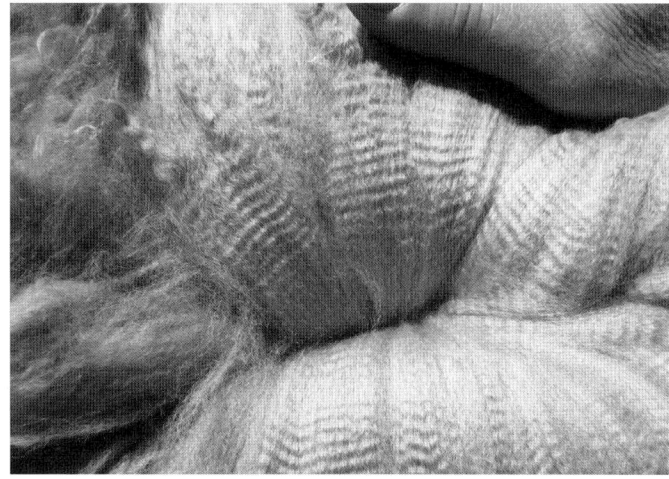

weichung bei diesen beiden größer ausfällt als beim Huacaya oder gar beim Guanako

Der Variationskoeffizient der Abweichung oder Coeffizient of Variation (CV) errechnet sich aus der Standardabweichung (SD) dividiert durch den durchschnittlichen Faserdurchmesser (Mean (Mittelwert) oder AFD = Analysis of fuzzy Data) mal hundert und wird in Prozent angegeben. Dieser Wert dient zur statistischen Erfassung in unterschiedlichen Populationen.

Interessant ist auch noch der Anteil der Fasern mit einem Durchmesser größer als 30 μm. Dieser ist beim Guanako mit 0,4 % am geringsten und beim Lama mit 13,3 % am höchsten.

Bei anderen Histogrammen werden oft noch zusätzlich Daten über die Fasern mit Hohlkörpern ausgewertet. Das sind dann in der Grafik Balken mit doppelter Strichstärke im unteren Teil. Daraus lässt sich ablesen, dass lediglich ein geringer Anteil (20 bis 30 %) der Faseranzahl hohl ist, aber meist mehr als die Hälfte des Faservolumens und oft auch die Hälfte des Fasergewichtes ausmacht. Dieser Unterschied in den ausgewerteten Faktoren rührt daher, dass erst Fasern mit größerem Durchmesser als Röhrchen ausgebildet werden.

Bei den zwei Typen von Alpakas, dem wesentlich häufiger vorkommenden Hua-

Die Kräuselung der Alpakawolle ist mit ein Qualitätsmerkmal

Variationskoeffizient

Standardabweichung

Tab. 7. Histogramm Guanako

Yocom-McColl Testing Laboratories, Inc.
540 West Elk Place • Denver, Colorado 80216-1823 USA
PHONE (303) 294-0582 • FAX (303) 295-6944
EMAIL: ymccoll@ymccoll.com

Sirolan Laserscan
Micron Test Report

Computer Bank Data   02/15/05
This is Factual Data
Denver, CO 80216-1823 USA   **Test No:**   211437

Animal and Sample Description

Animal Name: XXXXX	**Animal ID:**	XXXXX
Breed: Guanaco	**Sample Location:**	Fleece
Sex: XXXXX	**Sample Date:**	XX/XX/XX
Color: XXXXX	**Age:**	XX/XX/XX

Laboratory Data

Mean Fiber Diameter:	15.8 microns
Standard Deviation:	3.1 microns
Coefficient of Variation:	19.8 %
Fibers Greater Than 30 microns:	0.4 %

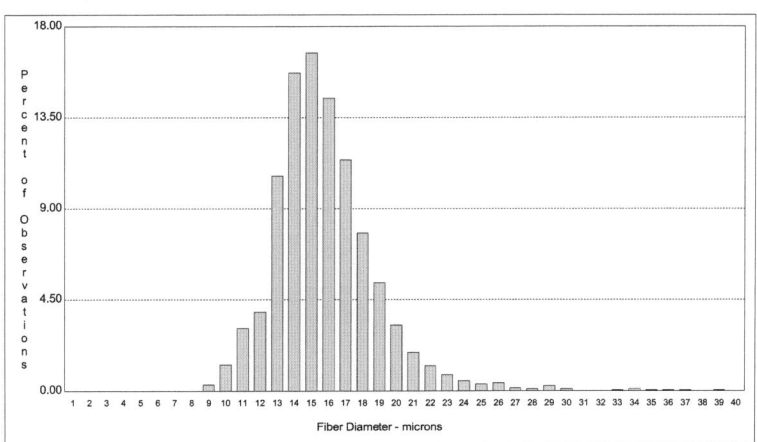

This Test Performed According to I.W.T.O Method 12

Tab. 8. Histogramm Huacaya Alpaka

Yocom-McColl Testing Laboratories, Inc.
540 West Elk Place • Denver, Colorado 80216-1823 USA
PHONE (303) 294-0582 • FAX (303) 295-6944
EMAIL: ymccoll@ymccoll.com

Sirolan Laserscan
Micron Test Report

Computer Bank Data   11/27/07
This is Factual Data
Denver, CO 80216-1823 USA   **Test No:**   253150

Animal and Sample Description

Animal Name:	XXXXX	**Animal ID:**	XXXXX
Breed:	Alpaca(Huacaya)	**Sample Location:**	Side
Sex:	XXXXX	**Sample Date:**	XX/XX/XX
Color:	XXXXX	**Age:**	XX/XX/XX

Laboratory Data

Mean Fiber Diameter:	23.1	microns
Standard Deviation:	4.1	microns
Coefficient of Variation:	17.8	%
Fibers Greater Than 30 microns:	4.3	%

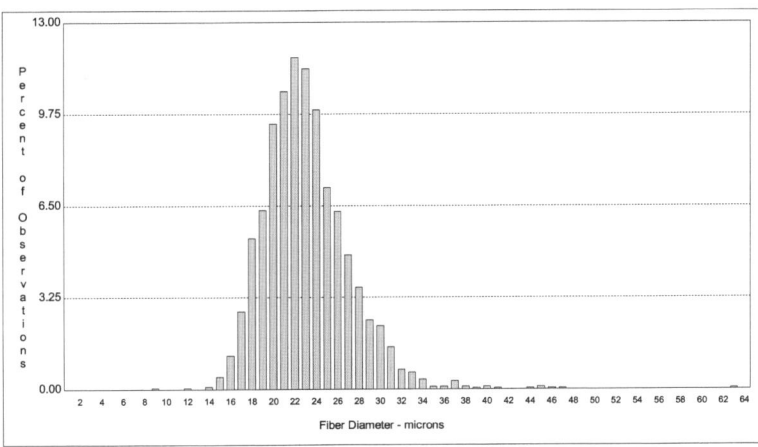

This Test Performed According to I.W.T.O Method 12

Tab. 9. Histogramm Suri Alpaka

Yocom-McColl Testing Laboratories, Inc.
540 West Elk Place • Denver, Colorado 80216-1823 USA
PHONE (303) 294-0582 • FAX (303) 295-6944
EMAIL: ymccoll@ymccoll.com

Sirolan Laserscan
Micron Test Report

Computer Bank Data   02/15/05
This is Factual Data
Denver, CO 80216-1823 USA   **Test No:**   251048

Animal and Sample Description

Animal Name: XXXXX		**Animal ID:**	XXXXX
Breed: Alpaca(Suri)		**Sample Location:**	Side
Sex: XXXXX		**Sample Date:**	XX/XX/XX
Color: XXXXX		**Age:**	XX/XX/XX

Laboratory Data

Mean Fiber Diameter:	23.2 microns
Standard Deviation:	5.1 microns
Coefficient of Variation:	22.0 %
Fibers Greater Than 30 microns:	7.8 %

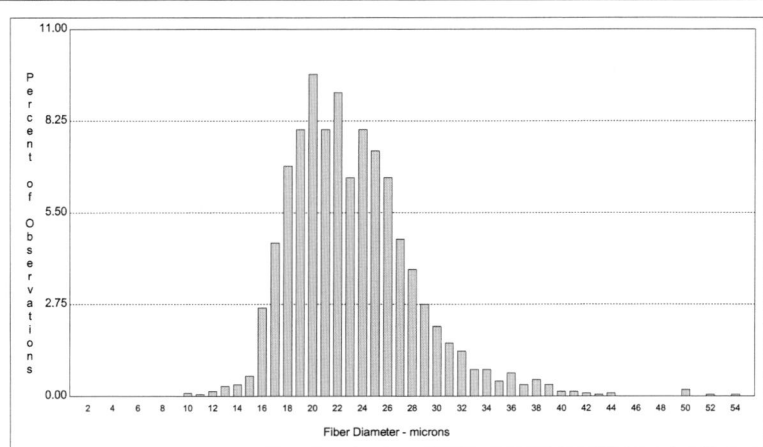

This Test Performed According to I.W.T.O Method 12

Tab. 10. Histogramm Lama

Yocom-McColl Testing Laboratories, Inc.

540 West Elk Place ● Denver, Colorado 80216-1823 USA
PHONE (303) 294-0582 ● FAX (303) 295-6944
EMAIL: ymccoll@ymccoll.com

Sirolan Laserscan
Micron Test Report

Computer Bank Data   02/15/05
This is Factual Data
Denver, CO 80216-1823 USA   Test No: 204246

Animal and Sample Description

Animal Name:	XXXXX	**Animal ID:**	XXXXX
Breed:	Llama	**Sample Location:**	Side
Sex:	XXXXX	**Sample Date:**	XX/XX/XX
Color:	XXXXX	**Age:**	XX/XX/XX

Laboratory Data

Mean Fiber Diameter:	25.0 microns
Standard Deviation:	7.1 microns
Coefficient of Variation:	28.5 %
Fibers Greater Than 30 microns:	13.3 %

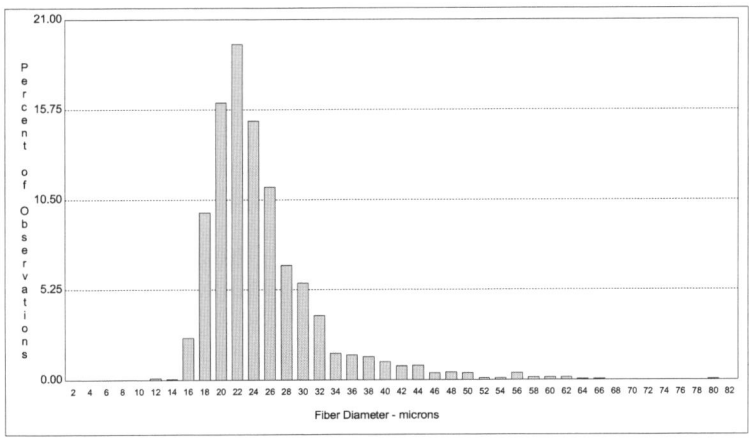

This Test Performed According to I.W.T.O Method 12

Das Huacaya-Alpaka hat eine feine, gleichmäßig gekräuselte Faser (Crimp) und einige Grannenhaare (Deckhaare), die möglichst fein sein sollten

Das Suri-Alpaka hingegen hat keine Kräuselung (Crimp) in der Faser, das Haar bildet gelockte, gerade Strähnen, die am Tier herabhängen. Dadurch wirken Suris oft schmaler als Huacayas

Suhle = feuchter (Schlamm) oder trockener (Staub, Sand) Platz, wo manche Tiere sich gerne wälzen

caya (mehr als 90 % der weltweiten Population) und dem Suri-Alpaka findet man Fasern, deren Durchmesser in der Bandbreite durchaus mit der Unterwolle des Lamas zu vergleichen sind. Der Anteil feinerer Fasern überwiegt jedoch, was einen durchschnittlichen Durchmesser von 17 bis 25 µm ergibt. Beim Huacaya liegt eine sehr feine Kräuselung vor, was bei längerer Bewollung der Tiere zu deren kuscheligem Aussehen führt. Suris hingegen haben statt der Kräuselung eher eine grobe Wellung, die Haare drehen sich in Locken und hängen nahe am Körper nach unten, was, verstärkt durch den Glanz, bei diesen Tieren immer ein etwas nasses und mageres Aussehen verursacht.

Es erscheint mir durchaus plausibel, dass beim Huacaya ein einheitliches Vlies aus feiner Unterwolle mit äußerst geringem Anteil an ebenfalls sehr feinen Grannenhaaren, beim Suri hingegen ein einheitliches Haarkleid mit fast ausschließlich äußerst feinen Grannenhaaren gezüchtet wurde.

Das Vliesgewicht bei einjähriger Schur reicht von 200 g bei Vikunjas, 300 g bis 1 kg bei Guanakos, 1 bis 3 kg bei Lamas und bis zu 1,5 bis 5 kg bei Alpakas. Der Wollertrag ist nicht nur von der Genetik, sondern auch von den Witterungseinflüssen und von der Versorgung mit Energie und den nötigen Spurenelementen und Mineralstoffen abhängig. Bei den Witterungseinflüssen dürfte sich nicht so sehr die absolute Temperatur alleine als vielmehr der große Temperaturunterschied zwischen Tag und Nacht positiv auf die erzielbare Wollmenge auswirken.

Alpakas sowie sehr stark bewollte Lamas sollten in unseren Breiten jährlich, leicht und mittel bewollte Lamas alle zwei Jahre geschoren werden. Bei leicht bewollten Tieren genügt auch das regelmäßige Ausbürsten der losen Wollanteile.

Wenn man Wert auf die Wolle der Tiere legt, sollte man dies von Anfang an berücksichtigen, am besten schon vor dem Kauf der ersten Tiere. Nicht zuletzt von den Nutzungsabsichten hängt es ab, welchen

Lama-Typ man einstellen wird oder ob man sich für Alpakas entscheidet.

Hat man dann die Tiere seiner Wahl im Gehege, sollte man Wert darauf legen, dass das Wollkleid von Anfang an sauber gehalten wird und nicht durch Verunreinigung der Umgebung bereits am Tier dermaßen verschmutzt, dass eine Weiterverarbeitung nur sehr schwer möglich wird. Die Tiere haben die Angewohnheit, sich in einer Suhle zu wälzen und suchen sich dazu einen für sie geeigneten Platz, wenn er nicht speziell dazu angelegt ist. Ratsam ist es daher, einen Sandplatz für die Tiere anzulegen, worin sie sich nach Belieben austoben können. Dazu eignet sich am besten feinkörniger Kies mit einer Körnung von ungefähr 3 bis 5 mm, in einer Schicht von ungefähr 5 bis 10 cm Stärke auf einer Fläche von etwa 3 mal 3 m. Wenn man in einer Gegend mit sehr hohen Temperaturen während des Sommers lebt und nicht zuletzt an der Verarbeitung der Wolle interessiert ist, kann man über diesem Sandplatz ein Flugdach anbringen. Dadurch haben die Lamas und vor allem die wesentlich bewollteren Alpakas einen beschatteten Bereich, dessen Boden ebenfalls zur Kühlung beiträgt. In extremen Situationen kann man diesen Sandplatz am Morgen entsprechend anfeuchten, was stärker bewollten Tieren den ganzen Tag über kühlere Bedingungen bietet.

Durch das Wälzen der Tiere im Sandbad werden kleinere Verunreinigungen aus der Wolle entfernt und so trägt diese bauliche Maßnahme nicht nur zum Wohl der Tiere, sondern von vornherein auch zu einer sauberen Wolle bei.

Eine Überhitzung zeigt sich bei den Tieren in einer schnelleren Atemfrequenz, in verminderter Aktivität, im Widerstand beim Gehen, beim Hinsetzen während Wanderungen und beim Atmen durch den geöffneten Mund. In Extremfällen kann es zu teilweisen Lähmungserscheinungen in den Beinen kommen. Erste Abhilfe bereiten ein schattiger Platz und eine Abkühlung von den Beinen beginnend bis zum Bauch. Neuweltkameliden haben sogenannte „thermische Fenster", d. h., Körperstellen, die wenig behaart sind, worüber eine Wärmeregulierung stattfindet. In der kälteren Jahreszeit werden die Tiere beim Sitzen die Vorder- und die Hinterbeine möglichst unter dem dicht behaarten Körper versteckt haben. Wenn es dagegen wärmer wird, stellen sie die Hinterbeine etwas mehr nach hinten, damit eine Luftzirkulation am Unterbauch für Kühlung sorgt. Dann werden auch die Vorderbeine beim Sitzen eher nach vorne durchgestreckt, um auch an der Brust für Kühlung zu sorgen.

7.7.1 Scheren

In ihren Ursprungsländern werden Alpakas und Lamas heute noch mancherorts mit zerbrochenen Glasscherben ihrer Wolle entledigt. Vom Scheren kann dabei nicht gerade die Rede sein, obwohl die Indianer auch mit diesen bescheidenen Hilfsmitteln einen ansehnlichen „Haarschnitt" zustande bringen.

Das Scheren erfolgt aber dort nicht deswegen mit Glasscherben, weil das die einzig wahre und bestmögliche Art und Weise ist, sondern einfach, weil sie mancherorts keine anderen Hilfsmittel auftreiben können.

In unseren Breiten ist das Scheren von Wolle liefernden Tieren eine ausgereifte Sache und daher entsprechend mechanisiert.

Für eine kleinere Anzahl von Tieren, die im Zweijahres-Rhythmus geschoren wird, lohnt sich die Anschaffung einer elektrischen Schermaschine allerdings kaum, weshalb die gute alte Schafschere keineswegs ausgedient hat. Neben den wesentlich geringeren Kosten arbeitet man mit dieser Schere ruhiger, was bei den oft sehr sensiblen Tieren vorteilhaft ist.

Seit kurzer Zeit ist auch eine Schere am Markt, die sich vorzüglich zum Scheren von Lamas und Alpakas eignet. Die Schneiden sind mit richtigen Handgriffen versehen, die auch noch mit einer Feder vorbelastet sind. Die Schur mit dieser Schere ist weniger kraftraubend und man kann damit auch mehrere Tiere pro Tag von Hand scheren.

Obwohl die meisten elektrischen Scherapparate nicht direkt für das Scheren von

Die Handschur ist bei kleinen Tierbeständen sinnvoll

Alpakas und Lamas entwickelt wurden, eignen sie sich doch generell sehr gut dazu. Ein wichtiges Detail darf allerdings bei der Schur sowohl mit der Maschine als auch von Hand nicht übersehen werden: Da die Wolle von Neuweltkameliden sehr langsam wächst und die Tiere vor allem in der wärmeren Jahreszeit, wo sie naturgemäß geschoren werden, tagsüber fast ständig auf der Weide oder zumindest im Freien sind, sollte man unbedingt etwas von der Wolle stehen lassen und nicht bis zur Haut scheren. Als Schutz vor den nicht zu unterschätzenden UV-Strahlen auf der empfindlichen, nicht an direkte Sonnenbestrahlung gewöhnte Haut genügen schon etwa zwei Zentimeter Haarlänge. Um diesen „Schnitt" ohne allzu große Anstrengungen zustande zu bringen, gibt es für einige elektrische Schermaschinen Aufsätze auf den Scherkopf, die den gewünschten Abstand zur Haut einhalten.

Beim Scheren mit elektrisch betriebenen Geräten ist eine Gewöhnung der Tiere an den neuen Lärm notwendig. Man muss daher vor allem beim ersten Mal etwas langsamer vorgehen. Das bei Schafen an den Wollfasern vorhandene Lanolin dient bei der Schur zur Schmierung der Messer. Dieses Lanolin fehlt bei Neuweltkameliden, wodurch die Schermesser wesentlich öfter geölt werden müssen und auch einem höheren Verschleiß unterliegen.

Das Scheren selbst wird an der Rückenlinie begonnen, um das Vlies erst einmal der Länge nach zu teilen. Danach schert man parallel zum Rückgrat von dort über die Flanken nach unten.

Auf jeden Fall sollte, wenn die Wolle weiter verarbeitet wird, mit einem Schnitt die richtige Länge erreicht werden. Durch ein „Nachschneiden", das heißt, an ein und derselben Stelle zwei oder mehr Schnitte durchführen, leidet die Faserqualität immens, da sehr kurze Haarabschnitte entstehen, die im Nachhinein nicht mehr aus dem Vlies entfernt werden können.

Sollte die eine oder andere Partie beim Scheren nicht ganz geglückt sein, sollte man ein Nachschneiden erst dann vornehmen, wenn das gesamte brauchbare Vlies entfernt und vom Boden aufgelesen wurde. Dann kann man nachbessern und weiter herumschneiden und diesen Abfall den Vögeln überlassen. In der Umgebung von Lama- und Alpakaweiden finden sich mit luxuriöser Wolle ausgestattete Vogelnester.

Bereits beim Scheren sollte durch entsprechendes Vorgehen auf die unterschiedliche Wollqualität an den verschiedenen Körperstellen Rücksicht genommen werden. Zuerst wird die qualitativ beste Faser am Rücken, an den Flanken und Schultern geschoren, danach wendet man sich den geringerwertigen Partien am Bauch, an den Schenkeln und an den Beinen zu. Die Wolle am Hals ist bei Lamas eher kurz und meist mit sehr vielen Grannenhaaren versehen, weshalb sie meistens nicht geschoren wird. Das gibt den Tieren zwar in den ersten Wochen nach der Schur ein etwas gewöhnungsbedürftiges Aussehen, wird aber durch das geringere Wachstum an diesen Stellen bald wieder neutralisiert. Auch die Behaarung am Schwanz sollte, wenn überhaupt, nur leicht gestutzt werden, da dieser ja nicht nur zur Verständigung der Tiere untereinander, sondern auch zum Abwehren von lästigen Fliegen gerade in der wärmeren Jahreszeit notwendig ist. Bei manchen Tieren wird das Scheren an den Beinen nicht möglich sein, was keinen besonderen Verlust an Fasern bedeutet. Auch die Hitze kann den Tieren an diesen Stellen wenig anhaben. Bei stärker bewollten Tieren sammeln sich aber in diesen Bereichen gerne Verunreinigungen (Kletten, Holzstücke, etc.) an, was bei der Schur kontrolliert und gegebenenfalls beseitigt werden sollte.

Manche Lama- oder Alpakahalter beruhigen ihre Tiere vor dem Scheren mit Medikamenten. Andere wieder binden sie an den Beinen ähnlich wie es oft bei Schafen getan wird. Die für die Tiere angenehmste Art ist freilich ein regelmäßiges Training, was ein Berühren an jeder Körperstelle ohne große Abwehrreaktionen ermöglicht. Wenn die Kameliden erst einmal gefühlt haben, dass das Scheren zu ihrem Wohlbefinden beiträgt und sie nur der Faser und nicht des Felles beraubt werden, lassen sie diese Prozedur oft sehr ruhig über sich ergehen. Sollte das Scheren einmal zu lange dauern und der „Wolllieferant" ungeduldig werden, was vor allem am Beginn der Schurpraxis vorkommen wird, kann man auch ein nur halb geschorenes Tier für einige Stunden wieder in der Herde mitlaufen lassen und an einem anderen weiterarbeiten. Dies gilt natürlich eher für einen kleineren Bestand, als für einen Betrieb mit vielen Tieren, wo die Schur doch in einem gewissen Zeitrahmen abgewickelt werden sollte.

Gleichbedeutend mit der Sortierung des Vlieses nach Qualität ist auch die Trennung nach Farbe. Dies wird zwar nicht bei der Schur selbst, sondern erst danach, am besten jedoch noch vor der Lagerung der Wolle durchgeführt.

Bei beabsichtigter maschineller Weiterverarbeitung der Wolle ist zu beachten, dass viele Betriebe eine Mindestmenge von 20 kg Vlies je Farbschlag verlangen, wodurch die Farbsortierung nur bei sehr großen Betrieben sinnvoll ist.

Eine weitere Möglichkeit der farbenmäßigen Sortierung der Wolle bei maschineller Verarbeitung bietet die gemeinschaftliche Organisation dieser Produktion. Über die einzelnen Vereine wird meist eine gemeinsame Wollverarbeitung angeboten, was nicht nur für die einzelnen Halter, sondern auch für die Verarbeiter interessant ist, da die damit anfallenden Wollmengen doch wesentlich größer sind und eine eventuell notwendige Umrüstung der Verarbeitungsmaschinen rechtfertigen.

Dass das Haarkleid der Tiere vor der Schur entsprechend gesäubert werden sollte, versteht sich von selbst, da es wesentlich leichter ist, dies am Tier selbst durchzuführen. Bei Alpakas und Wooly-Lamas ist diese Pflegemaßnahme durch das Fehlen von Grannenhaaren wesentlich schwieriger als bei klassischen Lamas.

Neuweltkameliden lieben Wasser, besonders im Sommer zur Abkühlung. Man

Verunreinigungen reduzieren den Wert der Wolle beträchtlich

sollte nicht davor zurückschrecken, die Tiere vor der Schur eventuell zu waschen. Dies sollte allerdings an einem relativ warmen Tag erfolgen, sodass zumindest der Großteil der Feuchtigkeit während des Tages entweichen kann. Nach dem Waschen sollte man nicht mehr allzu lange mit dem Scheren zuwarten, da gerade nach einer so ungewöhnlichen Aktion für so manchen Vierbeiner nichts schöner ist als ein ausgiebiges Suhlen.

Um eine weitere Quelle von Verunreinigungen des Vlieses nach dem Scheren auszuschließen, sollte man die Tiere auf einem sauberen Untergrund scheren.

Ist das Vlies erst einmal gewonnen, muss vor einer Verarbeitung der Lamawolle ein weiterer Schritt durchgeführt werden (gilt nicht für Alpakawolle). Die oft sehr groben und geraden Grannenhaare müssen von der feineren, gekräuselten Unterwolle getrennt werden. Das kann zwar bei entsprechendem Aufkommen bereits maschinell durchgeführt werden, scheitert aber zumindest zurzeit noch an der viel zu geringen Menge. Will man die Wolle zu Strickgarn verspinnen oder zu diesem Zweck verkaufen, sollten die Grannenhaare ausgezupft werden. Da diese nicht nur wesentlich gröber, sondern durch die fehlende Kräuselung im Allgemeinen auch länger sind als die Unterwolle, ist es nicht besonders schwierig, die Haare von der Wolle zu trennen. Wenn das Vlies gleich nach dem Scheren, zumindest aber bevor

Wooly-Lama ist in der Regel etwas kleiner als das klassische Lama (Ccara Sullo)

es zu sehr zerzaust und zerzupft oder in Aufbewahrungsbehälter gestopft wird, von den Grannenhaaren befreit wird, ist dies eine einfache Arbeit, die pro Tier in ungefähr ein bis zwei Stunden erledigt ist. Wenn die Haare nicht von der Wolle getrennt werden, kann das aus der versponnenen Wolle gestrickte Kleidungsstück sehr unangenehm zu tragen sein, da die Grannenhaare dann extrem kratzen. Auch wenn das Vlies als Füllmaterial für Bettdecken verwendet wird, empfiehlt es sich, diese Zeit zu investieren. Lediglich bei der Verarbeitung zu Filzprodukten kann man sich diesen Arbeitsgang sparen.

Ferner sollte man bei der Aufbewahrung der so mühsam gewonnenen Wolle auch für entsprechenden Schutz vor Motten sorgen. Wolle wird am besten in luftdurchlässigen Säcken gelagert, wobei Mottenstreifen oder Lavendel mitverpackt werden.

Wenn die Neuweltkameliden ausschließlich zur Fasergewinnung eingestellt werden, sollte man sich für Alpakas oder bestenfalls für Lamas mit einheitlichem Haarkleid entscheiden. Auch an dieser Stelle sei allerdings erwähnt, dass die Grannenhaare durchaus eine Schutzfunktion vor den Witterungseinflüssen und vor Verunreinigung haben und nicht nur als lästige Qualitätsminderung betrachtet werden sollten. Diese Grannenhaare werden in Südamerika meist zu Seilen oder grobem Garn für die Einfassung von Decken oder Teppichen verarbeitet.

7.7.1 Wollverarbeitung

In Südamerika lagern viele Tonnen bester Alpakawolle in Hallen und warten auf ihre Verarbeitung. Diese Wolle wird entweder in den Herkunftsländern zu Endprodukten verarbeitet oder geht als Rohmaterial in den Export und wird in Australien oder in Europa zu begehrten und meist exklusiven Produkten verwertet. Die angenehmen Trageeigenschaften, die Langlebigkeit und ganz besondere Eigenschaften, wie große Elastizität, hohes Isolationsvermögen usw., rechtfertigen auch die meist höheren Preise.

Die Konsumenten fragen heute allerdings nach immer pflegeleichteren Produkten. Naturfasern haben aber viele Vorteile gegenüber Kunstfasern. Es gibt sie in vielen Farben. Bei Alpakavliese gibt es die größte Bandbreite an natürlichen Farben. Die Fasern sind teilweise hohl, leiten durch ihre Kapillarwirkung die Feuchtigkeit von der Hautoberfläche ab und entziehen damit den Bakterien den Nährboden, die Schweißbildung wird reduziert. Und Tierhaare sind nachwachsende Rohstoffe!

Daneben gibt es allerdings auch einige Nachteile. Da die Fasern keine glatten Oberflächen haben, neigen sie unter höheren Temperaturen zum Filzen. Damit sind Produkte aus Naturfaser nicht beliebig heiß waschbar. Die Industrie versucht diesen Nachteil auszugleichen, indem sie die Wollfasern mit einem hauchdünnen Polyamidfilm überzieht. Damit erhalten die Haare eine glatte Oberfläche und können nicht mehr verfilzen. Allerdings sind damit auch die vielen positiven Eigenschaften ausgeschaltet und es handelt sich nicht mehr um Naturfaser.

Auch zum Färben muss das Vlies vorher gebleicht werden und verliert dadurch an Natürlichkeit.

All diese Umstände sprechen für die Verarbeitung der von den eigenen Tieren gewonnenen Wolle. Bei der Verwertung der anfallenden Wolle in gemeinschaftlicher Produktion kann mit größeren Mengen kalkuliert werden und unterschiedliche Farben können separat verarbeitet werden. Für die maschinelle Verarbeitung der Wolle sind Mengen notwendig, die nur sehr große Betriebe erzielen. Tierhalter mit kleineren Beständen können die Wolle entweder von Hand weiterverarbeiten oder eben an eine gemeinschaftliche Produktion liefern. Damit können sie auch für ihren Betrieb eine größere Palette an verschiedenen Produkten anbieten. Selten gibt es noch Kleinstbetriebe, die auch geringe Mengen maschinell verarbeiten können und damit garantieren können, dass man Produkte erhält, die ausschließlich aus der selbst gelieferten Wolle hergestellt wurden.

Diese Verarbeitung von geringen Mengen ist aufwändiger und damit teurer als eine Massenproduktion, deshalb ist es sinnvoll, aus dem exklusiven Rohmaterial auch Produkte zu erzeugen, die sich von der Massenware abheben.

Die Wollnutzung stand neben der Fleischnutzung wahrscheinlich am Anfang der Domestikation. Mit der Wollnutzung beende ich meine Ausführungen über die vielfältigen Nutzungsmöglichkeiten von Lamas und Alpakas, diesen freundlichen, scheuen, aber auch neugierigen und aufmerksamen Wesen, die sich bei uns immer größerer Beliebtheit erfreuen.

Die sicherlich älteste aller Nutzungsmöglichkeiten, die Verwendung von Lamas und Alpakas als Lieferanten wertvoller Nahrung, will ich in diesem Buch bewusst nicht ausführlich behandeln, da ich davon überzeugt bin, dass uns diese Tiere lebend wesentlich mehr bieten können und das über einen sehr langen Zeitraum.

Ich wünsche Ihnen viele schöne Stunden mit Ihren Tieren!

Serviceteil

Literaturhinweise:

Birutta, Gale (1997): Raising Llamas.
Storey Communications, Inc., Vermont

Deutsch, Anton (1972), Pflanzenproduktion. Leopold Stocker Verlag, Graz

Fowler, Murray E. (1989): Medicine and Surgery of South American Camelids. Iowa State University Press, Iowa

Gauly, Matthias (1997): Neuweltkameliden. Parey Buchverlag, Berlin

Karina Kriegl (2004): Zur Bedeutung der Neuweltkameliden in Österreich. Universitätsdruckerei, Wien

Klein, Ludwig (1912): Wiesenpflanzen, Unkräuter, Waldbäume und Sträucher. Carl Winters Universitätsbuchhandlung, Heidelberg

Mason I. L. (1984): Evolution of Domestic Animals. Longman, London

Maximo Gamarra R. (1991): Problematika de la Crianza y Producion de la Alpaca en el Peru, Situation Actual y Alternativas de Solucion.

Wichtige Adressen

Deutschland
Verein der Züchter, Halter und Freunde von Neuweltkameliden e.V.
Kemptener Str. 100
D-87600 Kaufbeuren
www.lamas-alpakas.de

Schweiz
Verein der Lama- und Alpakahalter Schweiz
Beerihof Schönau
CH-6332 Hagendorn
www.vlas.ch

Österreich
Lama Register Austria
Diesendorf 28
A-3243 St. Leonhard/F
www.lamas.at

Adresse des Autors
Gerhard Rappersberger
Diesendorf 28
A-3243 St.Leonhard/F.
Tel.: 0043/650 8706597
e-mail: info@lamas.at
Besuchen Sie uns im
www.lamawanderland.at

Bildquellen

Zeichnungen: Arthur Piestricow, Stuttgart
Alle Fotos stammen vom Autor.

Register